只要 氣勢做出來，就贏大半了！

巧妙掌握人心的暗黑心理術

【借勢用勢，創造優勢】

亞洲No.1最強讀心師，
親授55個無往不利的攻心法則

流れを操り、勝負を支配する

絶対に勝つ黒い心理術

Romeo Rodriguez Jr.
小羅密歐·羅德里格斯——著
楊毓瑩——譯

目次

第1章

不再玻璃心碎滿地！打造勢不可當的最強心理素質

第2章

贏家之道，攻心為上！取得全面優勢的暗黑心理術

第3章

喚醒未知的力量！進入贏家出神入化的境界

第4章

我說了就算！消滅恐懼與不安，霸氣掌控全局

第5章

惡運退散！開運除厄的終極心理術

!!
工作清單
11:00～簡報
骷髏商事 會議室
13:00～
呃…
NO

不想面對～
下星期還要去
報告
骷髏商事
肚子不舒服……
我等你很久了。
肚子不舒服～
垂頭喪氣
科科科
!
嚇一跳

還在驚嚇中
NO
突然遞出……
沙……
沙……

翻開來看
!!

前言

贏家的神祕力量

「為什麼日本人的交涉技巧這麼差，難道是因為一碰到需要一較高下的場合，整體氣勢就弱掉了嗎？」

經常縱橫國際商場的外國人，尤其是歐美國家的人和中國人，總是會向我提起這個問題。也難怪他們會有這個疑問，因為無論是在哪個國家的賭場中，日本人往往只是站在氣氛熱烈的賭檯外圍觀，旁觀著賭局的輸贏結果。有勇氣和決心下場力拚勝負的，絕對是洋人或中國人。

為什麼會有這樣的差別？

長年在賭場擔任荷官的我，想要說句直言不諱的感想，那就是整體而言，日本人並沒有掌握到「致勝的方法」。

賭場上的輸贏和商戰中的勝負看似兩碼子事，但其實換湯不換藥，甚至可說是一模一樣。商場如戰場，本質在於一決高下的競爭。

我二十幾歲的人生裡，有一大半的青春歲月都待在國外的賭場擔任荷官。我看過無數的輸贏場面和賭博高手表現出來的堅定態度。從這些經驗中，我看到那些總是獲勝的贏家，都擁有自己的勝利法則。

本書仔細研究人類的心理，將實際運用於賭場上的「勝利法則」予以進化衍生，彙整出五十五項升級版「暗黑心理術」。

本書的內容絕非紙上談兵的空泛理論，而是集結了我的經驗和知識。我有信心可以改變你的人生。

歡迎來到贏家的暗黑世界！

小羅密歐・羅德里格斯

第 1 章

不再玻璃心碎滿地！打造勢不可當的最強心理素質

禁不起一點點批評的玻璃心…
你好像不適合做這個工作？
打擊
嗖
中彈
完全不想做事…
累斃
你沒事吧？
把工作交給明天的自己！
拜託你了!!
…又來這招？
心跳加速
呃，這個…
立馬陷入不安…
NO!!
NO!!
NO!!
NO!!

自卑感作祟
很在意旁人的眼光…
170 cm
學歷
年收入
優柔寡斷…
跟我來！
這邊！
給想要變堅強的你。
你剪頭髮啦？原本的髮型比較好看耶！
匡噹
怎麼會…

1

去除負面思考的「唱反調」法

換個角度，抑制負能量

「完全提不起勁，明天再說好了……」

「這次一定要開始執行這個計畫……」

「但是，可能不如預期中順利……」

相信你一定也曾經在腦海中，像這樣自問自答好幾次。

一旦想著手執行某個計畫的時候，腦中便不禁浮現這類負面思考的對話，這應該是所有人的共同經驗。這種在腦中展開的對話模式，稱為「**腦內溝通**」。賭場裡的專業賭徒，尤其善於探測腦內溝通的內容，堪稱專家中的專家。

我擔任荷官的時候，認識了蟬聯一九八七年和一九八八年世界撲克大賽（World Series of Poker，WSOP）冠軍的職業撲克選手陳強尼（Johnny Chan），我請教過他打牌時究竟在想些什麼，以及如何思考。他如此回答：

「我們經常把人的思考分成正面和負面，對吧？通常人們認為應該在腦中展開正向對話，而不能擁有負面思考。當然，這樣的態度很重要。但是影響成敗**最關鍵的是，第一句出現在腦海裡的話**。」

打牌的時候，我們會自行在腦海中展開自問自答。而最先有的想法，也就是**如果腦內對話的起頭是正面的，我們就得以控制場面並成為贏家**。反之，**如果腦內一開始就展開負面對話，那麼幾乎就預言著一場敗仗**。

腦科學研究指出，人類的腦一天會進行高達五萬次的對話，並逐漸擴充對話內容。實際上，腦內溝通才是能否實現目標的真正解答。

例如，正在讀這篇文章的你，一旦懷疑「這個方法真的有助達成目標嗎？」便會因為一開始就陷入否定的思考模式，因而抱持著拒絕的態度繼續閱讀下去。

相反的，一開始就肯定文章的內容，而繼續翻閱下去，汲取的知識絕對遠超過內文所寫的範圍。然而，人性總是傾向於否定性的思考，這出自於人類的防衛本能，所以無解。

那麼，怎樣做才能消除否定思考？

針對這一點，可以使用**「唱反調」法**。

唱反調的意思是，**對腦中浮現的想法說「不對喔，等一下」**。

例如，覺得「已經下定決心減肥，不能吃甜食，忍得好痛苦」的時候，請不要被「現在偷吃的話，之前的努力都功虧一簣了」等負面的想法牽制住。

反而要想「不對喔，等一下。不要吃甜食，那就大量攝取富含蛋白質

的雞胸肉，健康減肥」，翻轉負面思考。如此一來，就能產生抑制當下否定思考和情緒的力量。

想要開始投入某件事時，一旦湧現「麻煩死了」的想法，請立刻告訴自己「不對喔，等一下。立刻採取行動，可以讓事情更快進入狀況」，駁倒負面想法並立刻行動。

擔心「這個計畫會不會成功」時，請反過來想「不對喔，等一下。不安和憂慮都只是自己的揣測。擔心還沒發生的事，實在太愚蠢了」，並立刻動起來。

最重要的是，產生正面想法後，迅速採取行動。

持續執行這個技巧三個月後，就會養成習慣。如此一來，即可遇見嶄新的自己，實現所有的目標。

POINT

正面思考，且立刻採取行動。

2

擁有「個人的節律」，不隨之起舞

提升抗壓能力

接下來的話有點突然，不過美國拉斯維加斯和中國澳門的自殺人數不斷攀升。其中的原因之一就是，許多賭客在賭場豪賭、破產，而被逼到日暮途窮，便選擇死亡這條不歸路。

日本每年的自殺人數超過二萬人，如果將未被列入統計的自殺者也包含進來，數據恐怕比目前高出兩倍。

我認為，**這都是因為「玻璃心」**。

無論是在職場上或男女關係中，都可以看到「玻璃心」的現象。

「你好像不適合這份工作？」

「你這副模樣，東西怎麼可能賣得好？」

「不好意思，你不是我的菜。」

一聽到這種話，很多人都會露出世界末日的表情，嚴重者甚至會生病。

有幾個原因會讓人變成「玻璃心」。

第一，打從一開始就認為自己會失敗。

第二，浪費精力在尋找失敗的原因。

人類是一種參照過去資訊並繼續生活的動物，經歷一次失敗後，再面臨類似的狀況時，便會不禁浮現「情況跟以前一模一樣。這次應該又會失敗……」的想法，或者不斷的問「為什麼自己會失敗？」拘泥於無法解決的事物。

想要從這樣的狀態中逃脫，我認為必須先了解，究竟造成玻璃心的外在壓力，和內心的焦慮情緒是什麼。

為什麼會感到各種外在或內在的壓力？這是因為「**潛意識中有正能量和負能量，而負能量取得壓倒性的勝利**」。

危機管理是人類與生俱來的本能，一旦感到不安，並不會先用頭腦展開理性思考，而是呼吸和心跳加快，體溫升高。狩獵時代的人類祖先，在對抗猛獸時會自然出現這種生理反應，而現代人則繼承了這個ＤＮＡ。

各種生理反應達到高峰後，即會展開行動消除不安感和危險。就這樣，**潛在意識在面臨危險的狀況時，會開始累積負能量，並將負能量一口氣轉換為正能量**。

但是，現代人的生活中幾乎不會出現生死交關的危機，因此負能量持續累積，卻沒有機會轉換為正能量。

所以當我們陷入危機時，只有負能量啟動，覺得「又要失敗了」。到鬼門關前走一回又復活的人，之所以可以重新站起並獲得亮眼成就，正是由於心靈能量的變動。

那麼，怎麼做才能消除外在壓力和內心的緊繃情緒？

這就要靠自己堅持**「個人的節律」**。**「個人的節律」指的是，依照自己的步調生活**。只要觀察明星和頂尖運動員就可以了解這個道理。這些名人在電視上的言行舉止和表現，或許讓有些民眾觀感不佳，認為他們大多很驕縱。但是實際上並非如此，他們不過是單純踩著自己的步伐在生活，看在他人眼裡卻成了放縱、任性的人。

想擁有「個人的節律」，請留意下列三個要點：

1. 停止與他人比較。

2. 不要逃避不安與恐懼。

3. 不否定過去的失敗經驗。

賭桌上的贏家們，隨時隨地都意識著這三個要點。

同一桌的賭客中，有人豪氣丟出籌碼，僥倖的怎麼賭怎麼贏。其他賭客被這樣的氣氛感染，跟著賭上自己的籌碼，最後卻慘輸，這樣的情況每天都在上演。這就是與他人較勁，隨著對方起舞的下場。

另外，上戰場時懷抱著不安和恐懼，也是破壞自我節奏的要因。因為雜念太多會導致視野變窄。而且，如果繼續活在上一回合的失敗陰影下，下一次仍然贏不了。

成功或失敗，每次都是全新的回合。這一點非常重要。

如果能將這點謹記於心並實踐，就能保持自己的步調，提升「心智強度」，處在任何情況中都不會動搖。

POINT 不必處處迎合他人，保持自己的步調。

3

提高決斷力的「思考當下」法則

把專注力放在此時此刻

據說賭場裡四處躲著妖魔鬼怪。

豪華絢爛、紙醉金迷的氣氛，將閃耀的未來呈現在賭客眼前，迷惑賭客的思考能力。但是，這一切都是假象，當賭客開始想像光明的前景時，就是失敗的開端。

而已經輸到精光的賭客，為了重返一身奢華與炫麗，會開始分析過去，或者也可能因為急著把錢贏回來，而焦躁不安，於是又開始輸。

其實，輸贏這件事，**當人們將頭轉向過去與未來的同時，一切皆化為**

烏有，難以致勝。最應該注重的是，「當下」。

這就是「思考當下」法則。當下指的是現在，也就是此時此刻。出了賭場，「思考當下」在體育界也具有同等的重要度。眾所皆知的美國職棒大聯盟球員鈴木一朗，和其他頂尖的運動員，都非常看重這種思考模式。

例如，假設你在職場上犯了錯。

你或許會決定「好吧，這次就確實把問題妥善處理好」，但是這種想法表示你面對的是過去。

另外，有些人會建議「保持對工作的信心，一切都會水到渠成」，然而這是將眼光放在未來，一樣行不通。

鈴木一朗一站上打擊位置，就不會去揣測「打這裡的話，打擊率會如何」，或者回想「很多次都敗在這個投手手上，實在不好打……」等過去的事。鈴木一朗只專注於「現在」，想要「把球擊出」。

那麼，為什麼不能想過去和未來？

分析過去和未來當然也很重要。但只專注在這兩方面的話，便會陷入無限的負面思考。

設定目標很重要，不過把一切心力放在未來，就無法專注於「當下」，導致事態往負向發展。

所有的輸贏勝負，都適用這個邏輯。我長年待在賭場，看過太多職業賭徒了，他們所遵從的都是看重眼前的「思考當下」法則。

為了避免有些人誤會「不能分析過去和想像未來」，因此我在這裡必須進一步解釋清楚。

必須在採取行動「前」，結束所有「分析過去」和「想像未來」的工作。

意思是，你在「現場」實際展開「行動」前，就應該做好分析和想像。

並且，當你開始行動後，就只能專注在「現在」這一瞬間。之後，如果你的行動失敗，那不過是因為累積的實力不足罷了。曾經在體育界混過的人，一定懂我在說什麼。

我是業餘的拳擊手，上擂台前，我就會完成分析過去和想像未來的工作，一旦站上擂台，便全心全意和對手奮戰。

在擂台上，完全不會去

想「這個人的弱點在這裡」或「出這一拳的話……」等細節。而是在擂台上充分發揮目前的實力。

輸了是因為自己實力不如人，我會再度花心思檢討過去和未來，擬定策略以迎戰下一場比賽。

在擂台上，我只將專注力放在「當下」這個瞬間。

POINT

分析過去和展望未來，都是行動前的準備工作。

4

勇於「做自己」，不在意周遭眼光

不糾結於他人的想法

與「大膽的人」相對的是什麼樣的人？是「膽量小的人」。

世界上任何工作，機會都不會落到膽量小的人身上。

有人曾經對我說：「你錯了，沒這回事。膽小的人謹言慎行，才能安全致勝。」

我看著說這句話的人，不禁覺得：「啊，這個人大概從來沒有真正面對自己、克服恐懼，和其他人拚過勝負吧！」

在賭桌上，時常可以看見人生百態。

有些人慘輸後，依舊賭性堅定；有些人一看情況對自己不利，原本的霸氣瞬間蕩然無存；也有賭客喜歡一次少量下注。

我長年擔任荷官，一眼就可以看穿膽量小和膽量大的人之間的差別。

膽量小的人所具備的共通點，就是在意旁人的眼光。

這種人坐在賭桌前，無法下精準判斷，all-in（全押，把籌碼全部下注）的時候也只是為了符合圍觀群眾的期待。

相反的，圍觀群眾只有小貓兩三隻或同桌賭客不多的時候，則性情大轉，每次只下少少的籌碼。像這樣沒有自己的一套價值觀，只追求他人認同和掌聲的人，必輸無疑。

因為這種人**不是將專注力放在輸贏，而是放在他人身上**。例如，你正在談生意，而競爭對手的存在令你感到壓迫。

你可能會想「他目前的營業額到底增加了多少」、「怎麼做才能超越他」。

但是與其擔心這些未知的問題，**你該做的只有專注做好「眼前的事」**。

也就是不要假想對方接下來會採取什麼動作，專心致力於眼前的工作，把事情做好，努力提升業績，踏實的貫徹這個部分，勝利就在不遠處。

坐上賭桌後，不應該將注意力放在圍觀群眾或同桌賭客上，而是「自己」。

只有專注於「自己」的人，才能成為最後的贏家。

現在已經進入什麼都講求建立品牌的時代。隨著SNS（社交網路平台）的普及，素人也全心投入塑造個人形象和品牌。

但這種趨勢其實是會產生弊害的。也就是，**可以輕易向他人大肆吹噓自己的「實力」**。

一旦這樣的情況持續發展，人們為了不讓自行塑造的品牌毀於旦夕，就會竭盡所能鞏固品牌。而最後嚐到一切「破滅」的苦果。

有很多新 Hills 族（多指住在日本六本木 Hills、利用網路賺錢的新富一族）和知名部落客，誇下豪語說可以快速累積財富。他們為了迎合讀者的口味，裝闊租借高級轎車、刷卡購買昂貴物品，並在網路上發布照片，製造假象，彷彿自己是社會中的成功人士。

但是，就算可以在社交網路平台上打造一搓就破的虛幻現實，也無法增加真正實力。我想大家都不難想像他們的下場。

人的心會因為想要鞏固假象而變得弱小，成不了膽量大的人。

如果你想要成為大膽的人，請丟掉「品牌思考法」。

不要浪費心力在意旁人的眼光，貫徹自己的想法，並自行承擔結果。

並且，不要虛張聲勢，展現原本的自我。

無論是弱點也好、不受人喜歡的部分也罷，一律不隱藏真實的自己。

在SNS上也一樣，不要懷著莫名的自尊，請呈現真實的自己。

無論透過任何社群媒體，最後都還是會在現實生活中碰面，因此丟掉過度包裝，用最真的自己與他人互動。就長遠的眼光看來，這是最值得信賴的方法。

當我們丟掉原本應該鞏固的假象、不在乎所有人的眼光、不抱持無謂的自尊時，在這樣的狀態中，就是人們最大膽、毫無畏懼的時刻。

POINT

拋開他人的眼光，做真實的自己。

5

「規律抓握」維持動力與衝勁

保持鬥志靠的是規律

「說得真好！決定了，明天開始加油！不達目標絕不善罷干休。」

聽完勵志的演講後，很多人會產生共鳴，內心情緒澎拜、鬥志激昂。但是三天以後，慢慢喪失鬥志，過了三十天就忘了七成內容，經過三個月，更是完全忘記聽過這場演講。

人類的鬥志是無法長時間持續的。這是為什麼呢？我認為，日本人對於鬥志的認知有點偏差。

鬥志指的是意志和熱忱，不過很多人誤以為保持鬥志就是盡情燃燒鬥志、維持十足的幹勁。

可是，其實**只要是人，都不可能永遠維持在這樣的狀態**。

渾身是勁時，人類的交感神經處於興奮狀態，開始釋放正腎上腺素。但是持續釋放正腎上腺素的話，人會罹患精神病，最糟還可能致死。

因此人類無法一直保有「鬥志」。這不是你的錯，也不是其他人的錯，而是人類身體和腦部與生俱來的機制。

那麼，什麼是真正的鬥志？

真正的鬥志是，**不受「情感」影響，決定以後立刻起而行，沒有「熱忱」仍然能「持續做下去的能力」**。

沒辦法立即展開行動時，人類通常會為自己找藉口，心想「明天再開始也不遲」、「今天不舒服，所以明天再說」，欺騙自己。這裡出現的正是「情感」的問題。

如果**你想要維持高昂鬥志，就請忽略自己的情感**。請把自己當成機器人。

想和十個人約時間的話，「現在」就立刻去約十個人。想存十萬塊的話，「現在」就立刻存十萬塊。

想對心愛的人吐露真情的話，「現在」就立刻拿起電話。

或許你又會覺得「這種事誰都知道，但就是做不到才會煩惱啊」。

看吧，你，正在，意氣用事吧。停止這種行為吧。

一旦決定了，就穩穩的、從容的採取行動，不加入私人情緒。

很難嗎？其實透過**「規律抓握」**就辦得到。

抓握是指「捏」，規律則指「規則性」的。

最近很流行配戴能量石手環，不妨用能量石手環來進行規律抓握，

只要開始著手做一件事，就捏手環上的一顆石頭。

例如，假設你決定打電話給十個人。撥出第一通電話時，捏第一顆石頭。打給第二個人時，捏下一顆，就這樣不疾不徐循序漸進。持續抓握，

到達成目標數字為止，這麼做可以令人有意識的製造「規律」。

人一旦變自由，就會找一堆藉口，這是人類的心理傾向。

透過手環這類的**具體「物質」，讓內心的數字和目標表象化**。

請持續進行三週。你的工作品質和效率，絕對會令眾人驚豔。

其實，這個方法是我擔任

荷官期間，在學習二十一點的算牌方法時別人教我的。

算牌技術必須靠日積月累訓練算數能力而來。由於不斷重複相同的計算，所以很快就會膩了。

正當我練習到覺得無聊至極的時候，有人教我這個規律抓握的動作。我沉穩的繼續算下去，結果發現，通常要花好幾個月才算得完的牌，竟然四十天就算完，而且零失誤。

保持鬥志靠的是規律。三週後，你一定會慶幸自己知道這個方法。

POINT

鬥志不是靠「熱忱」，而是「持續下去」。

6

「LEAST法則」突破困境

窮則變，變則通

職場和人際關係中，有用的人才會被視為有價值。

這是自古不變的道理，在狩獵民族裡，獵物最多的人將獲得讚賞、食物及房屋等酬賞。

但是，誰是有用的人？

有用的人指的是**破除固有觀念**、**想法**的那群人。

「被腳鍊鎖住的大象」是一個很有名的故事。這個故事的內容是，從小被腳鍊鎖著的小象，即使長大後、解開腳鍊，依舊無法逃出原本關著牠的牢籠。

其實，我們也被隱形的鍊子鎖住而不自知。而綁住我們的，正是「固有觀念」這個枷鎖。

無論是職場上或任何競爭場合，應該都發生因為走投無路而被迫放棄的困境吧。即使眼前看似死路一條，但是一定有路可退。讓人們錯失退路的主要因素，就在於困於「注定會變這樣」、「常識」等固有觀念和想法中。

運用「ＬＥＡＳＴ**法則**」，就能破除既有觀念。

所謂「ＬＥＡＳＴ法則」，是由五個英文單字的第一個字母所組成的概念，包括**「邏輯（logical）」**、**「本質（essential）」**、**「抽象（abstract）」**及**「結構化思考（structural thinking）」**。乍看之下似乎難以做到，不過總歸一句話，就是**問自己「是怎麼一回事」**、**「為什麼會發生」**、**「有沒有其他方法可用」**。

一般而言，我們透過眼前的資訊來思考。然而，LEAST法則以「是怎麼一回事」、「為什麼會發生」、「有沒有其他方法可用」這三個問題，來深入探討問題。

藉由採取LEAST法則詰問自己，可以獲得直指本質的答案，這是眼睛看到的膚淺資訊所滲透不到的層面。

美國某家航空公司曾經

發生過，有位乘客想要將爬蟲類動物帶進機艙的情形。當然，這是法律所禁止的行為，因此被航空公司地勤人員拒絕後，這位乘客不知如何是好。後來，地勤人員向該名乘客表示，在他結束旅程回國前，可以代為照顧這隻爬蟲動物。

該名乘客聽到這番話之後感動不已，與很多人分享這段經驗，隨著越來越多人知道他的故事，航空公司的業績也蒸蒸日上。思考「有沒有其他方法可用」，為顧客解決超過服務手冊範圍的問題，創造新利益。

我還要說一個我在賭場親身經歷的故事。

當時有位客人在我擔任荷官的賭桌上輸個精光，總共輸了約八百萬日圓。他沒錢繼續賭，連買機票回國的錢都沒有。

他請荷官幫忙介紹工作，但是由於沒有工作簽證，賭場自然不可能答應。

你猜他怎麼讓自己脫困？隔天他竟然開始教其他賭客下籌碼。他跟賭客商量，如果教他們怎麼賭，贏錢就要給他一〇％分紅。

賭博是一門有趣的學問，常常是當局者迷，一旦成為旁觀者，由於是別人的錢，所以判斷時出奇的冷靜。最後，他的賭法讓其他賭客贏到不少彩金，一週內他就賺進約二千萬日圓的分紅。

然後他繼續以二千萬日圓當本錢，直到回國前總共有約一億二千萬日圓入袋。

正常來講，輸光的人應該會自暴自棄，不過他絕對是運用LEAST法則，讓自己東山再起，大獲全勝。

無論遇上怎樣的窮途末路，一定會有逃脫的出口。

只要在腦海中認真意識到這個道理，你就可以把不可能變可能。

POINT **跳脫常規，另一扇門會為你開啟。**

7

擁有「中心思想」，自信渾然天成

讓自信成為習慣

「老是喜新厭舊，真糟糕……」

「總是三心二意，舉棋不定……」

「一直遷就他人，委屈自己……」

這種人就是典型的沒有「中心思想」的人。

這類型的人會自我安慰說，他們是為了順應情勢，隨機應變。不過事實是擁有中心思想，才能彈性因應各種狀況。

在輸贏競爭中，擁有中心思想的人，具備著壓倒性的強大信念。

那麼，怎樣才能讓自己擁有中心思想？

英國曾經針對三十位高中生進行實驗，將受試者分成兩人一組，請他們彼此舉出對方的優點，例如很會畫畫、運動能力很好等等，並詳細說明理由。

實驗團隊在一年後進行追蹤調查，發現對於他人所列舉出的自己的優點，竟然有高達七成以上的受試者，開始對這些優勢產生興趣，甚至實際參加體驗工作坊。

這個研究結果顯示，人類的自我中心思想相當薄弱，很輕易的就被他人的評價所擺布。這種現象稱之為「鏡像效應」。

對此，該團隊又進行了另一次不同的實驗。實驗團隊要求受試者「從現在起，顧好自己覺得有自信的部分，不須再徒增任何優勢」，堅定信念，忽視同組受試者對自己的任何評語。而一年後的追蹤調查顯示，所有受試者與當初接受實驗的時候一模一樣，幾乎看不到他人的影響。

堅持「除了自己的決定，不需要任何意見」，完全不受外界影響的自我意識，就能不受任何風吹草動影響，穩如泰山。

關鍵在於「堅定信念」，不過，我也希望你能確實意識著鏡子理論。在輸贏的世界裡，貫徹自我中心思想非常重要。能夠不費吹灰之力做到的時候，才是真金不怕火煉的「隨機應變」。

POINT

堅定信念，對身邊的雜音勇敢說不。

8

弄假成真的「虛張聲勢」法則

藉「非語言溝通」打造強大氣場

外表、身高、經濟能力等，令人喪失自信的因素有很多。但是，**有沒有自信並不重要，重要的是讓「別人」以為你信心十足**。他人的評價，會讓自信心油然而生。

在賭桌上可以看到很多充滿自信的賭客。他們看起來神色自如，冷靜和威嚴程度媲美「〇〇七」裡的詹姆士龐德。

以前我在澳門葡京賭場，曾經和一位叫做瑞克的男性賭客同桌玩牌，他打牌的自信態度，連來勢洶洶的其他同桌賭客，都黯然退出賭局。這種場景我看過很多次。

那個時候，我很疑惑為什麼他可以氣場這麼「強」，賭局結束後，我趁他用餐的時候，和他攀談了一下。

但他在餐桌上給我的感覺，失去了賭桌上的自信滿滿，反而是緊張不安。

後來，回到賭桌上的他，整個人又恢復神氣揚揚的樣子，與用餐時截然不同。

我心想：「這到底是怎麼回事？」

對眼前景象感到好奇的我，從賭桌起身，開始以旁觀者的角度觀察他。我發現他其實掌握了一個法則，也就是非常靈活的運用**「非語言溝通」**誇大氣勢。

「非語言溝通」的意思是，不靠語言，以非語言方式傳遞訊息、進行溝通的過程。

交談和文字等透過語言的一般溝通手段，稱為語言溝通，相較於此，**以動作、態度及表情等語言以外的方式傳遞訊息的過程**，則稱為「非語言溝通」。

我觀察他打牌的樣子後，發現他運用非言語溝通，讓同桌賭客「以為」他充滿「自信」。也就是說，他的自信是裝給別人看的。和他同桌玩牌的時候，我完全沒有察覺到這一點。

我在這裡列舉幾個他所採取的非語言溝通：

1. **經常張開手臂跨界到隔壁席位，翹腳。偶爾伸展身體，並將雙手十指交扣放在後腦杓。**
2. **其他玩家在思考的時候，打開雙手手掌，觸碰左右手的手指。**
3. **無論輸贏，永遠一號表情，冷靜的玩到賭局結束。**

藉由這些動作，他可以讓同桌賭客對他產生下述印象：

第一個動作展現了他的放鬆態度、優勢及自信。

第二個動作表現出強烈的自信，和對自己的賭法充滿安心感。

第三個動作表示由上而下俯瞰的視點。

我這麼解釋，你或許會認為「這是有自信的人才做得到啊」。不過，正如我前面所觀察到的，他在餐桌上的模樣，完全和自信十足的人差了十萬八千里。

也就是說，他有意識的進行「非語言溝通」。

將訊息傳遞到其他賭客的潛意識，「刻意」留下冷靜、強大，充滿自信的印象。

模仿他的這些肢體語言，看在別人眼裡你也會散發著自信的光采。而且，更重要的是，只要營造出這樣的氛圍，旁人的反應會隨之改變，你自己本身也絕對會有所轉變。

他藉由坐上賭桌啟動變身的開關，有自信和沒有自信的模樣，天差地遠。

但是我要請你避免這樣的變身模式，而是在日常生活中持續的培養堅定的非語言溝通。

弄假（謊言、仿冒品）成真。

一旦成真，就會形成真正的自信。請一定要學會使用非語言溝通這一招。

POINT

透過肢體語言，你也能成功扮演各種角色。

9

打破極限的「超常意識狀態」

催眠狀態下的潛能無極限

為了成功，很多人都有無論多難都必須克服的事。這就是**超越自我「極限」的行為**。

人類潛藏著無限的可能。聽到這句話，你一定會想「哪有這種事。做不到就是做不到」。或許你會想要反駁我，但是我還是要說，對人類來說沒有不可能的事。

界限感應系統存在於人體內，以發揮自我保護的本能。

感到限制、不安、恐懼，我們才會謹言慎行，保護自身。然而，**問題**

在於「**過度保護**」。

我來說一個發生在美國密西根州的事件。有位少年和爺爺一起修車，祖父鑽到車底進行維修作業時，支撐車輛的固定架突然掉落，導致爺爺被壓在車底。

少年看著發出痛苦低鳴聲的爺爺，心想不趕快救出爺爺的話，一定必死無疑，因此他採取了一項令人難以置信的行為。

這位少年情急之下，竟然徒手抓住車子的保險槓，抬起重達九百公斤以上的車。雖然爺爺身負重傷，但是從車底下被救出，簡直是在鬼門關前走一回。

這是五〇年代美國國內新聞所報導的真實故事，少年被當成英雄，在當時引起熱烈討論。

就像這樣，一旦心理狀態飆至極限，人類的能力便會超越限制，形成前所未知的力量。

接下來我要介紹**「超常意識狀態」**。在這樣的狀態下，無論面臨各種狀況，都可以超越自己的界限。

「超常意識狀態」**又稱「催眠狀態」，指「日常生活意識狀態以外的意識狀態」**。

這是一種介於顯在意識和潛意識之間的意識，例如看電影的時候，一旦進入令人膽顫心驚的情節，就算是坐著也會感到心跳加速、冒手汗。如果是悲傷的畫面，也會邊看邊哭，就算我們只是坐在螢幕前觀賞電影的觀眾。

另外，遇到工作期限快到的時候，就算是以正常速度來講，原本一天之內根本無法做完的工作，都會專注到忘了時間，趕在期限內完成。

每個人或多或少都有這樣的經驗吧？

覺得時間晃眼而過的感覺，就是超常意識狀態。

有許多方法可以進入超常意識狀態。在這裡我要介紹幾個你也可以輕鬆做到的方法：

1. **小酌。**
2. **冥想。**
3. **重複單調的動作。**
4. **邊散步邊思考。**
5. **做瑜珈運動。**
6. **速讀。**

進行上述行為時，**請渴望、想像超越自己的極限，並對自己說我是一個無極限的人，藉此便能改變意識。**

聽起來似乎一點都不科學，不過，腦科學和催眠療法都已經證明，意識狀態是可以被改變的。因此想要超越自我極限的人，請一定要挑戰上述方法。

並且，長時間坐在賭桌上玩牌，會感覺自己彷彿體悟了所有的運氣走勢。這樣的感覺持續下去，就會產生「勝利女神」即將降臨的預感。覺得自己將百發百中，似乎全部的好運都圍繞著自己，這些都是進入超常意識狀態時的感覺。

請一定要學會控制超常意識狀態，以因應一決勝負的場合。

POINT

心理狀態飆至極限，會形成前所未知的力量。

第2章

贏家之道，攻心為上！取得全面優勢的暗黑心理術

FRIENDSHIP
和對手打好交情
10
11
12
13
14
15
19
什麼!?
19
19
19
20
21
讓他大亂陣腳，
停止思考。

混亂
混淆他的思緒，
把他捧上天。
嘻嘻嘻
掌控他，
讓自己如願成為大贏家。

10

讓人兵荒馬亂的必殺句

感知的錯覺

催眠師非常懂得如何誘導人的心智。在催眠秀上邀請觀眾上台後，必須讓參與表演的觀眾選中催眠師想要的東西，因此催眠師必須全力發揮誘導、暗示的能力。

但是，催眠師也同時具備了掩蓋誘導失敗的技術，因此即使稍微失誤，他們依然可以保持冷靜。

那麼，怎麼做才能誘導別人往自己想要的方向走？

在這一篇裡，我要介紹的是「**錯覺遊戲**」技術。

這項技術的效果，已經透過研究員波頓的研究獲得證實。首先，他發現**細微的語意差別，可以輕易的成功誘導人們**。

例如，只要在廣告的宣傳用語中，加入幾句話，就可以大幅提升購買率。

包括「天然、溫和」、「有益健康」、「新一代」、「輕鬆」等。這些都是廣泛應用於廣告中的用語。

不過基於每個國家的文化差異，各國人士對這些用詞的反應也不盡相同。觀察一個國家的廣告用語，大概就可以掌握該國人民對哪些單字會有反應。

而照片也是常見於廣告中的工具。其中，**可以令人聯想到「性感」、「動物」、「嬰兒、兒童」的照片，最有利促銷**。

穿著泳裝的美女、肌肉精壯的帥哥、撩人遐思的香水等，通常被用來詮釋性感。貓、狗等是最常被運用的動物。甚至，當全民興起一股貓咪熱潮時，即使商品和貓咪八竿子打不著邊，只要放上貓的照片，還是可以賣到缺貨。

據研究顯示，嬰兒和幼兒，具有緩和、安穩人心的效果。

如上所述，**即使毫無關聯，只要詞句、照片使用得宜，人們的反應就會大不相同**。這就是「錯覺遊戲」。

如果你非上台報告不可，上台後請率先運用令人產生錯覺的字句。推出新商品時，請務必好好斟酌放上哪一類的照片。

前面提到的都是職場上的狀況，接著我要介紹，賭場荷官如何熟練的運用這個技巧與客人交談。

荷官的主要工作是迅速洗牌、發牌、根據輸贏處理籌碼。

但是我認識的某一位荷官，基本上都是一邊不疾不徐的與客人聊天，一邊發牌。然而，他作為荷官的勝率卻相當高，優秀到被知名的外資賭場挖角。

他發牌的時候，會在對話中穿插許多關鍵字。

「這位客人，您今天的感覺和（**平常**）不一樣。感覺狀態很好。」

「（**嚇到我了**）！竟然出這張，我輸了……」

「請（**放輕鬆**）坐著。沒關係，下一局現在才要開始……」

※（ ）內的字，是用來引起錯覺的關鍵字。

這些字不會令賭客感到沉重，反而覺得「自己好像會贏」。

當然，他一開始會讓賭客小贏，等他們一舉提高下注金額後，再贏回輸掉的籌碼。

傳聞他讓賭場大贏了約八百億日圓，至今仍被視為賭場界的傳奇人物。

想要在所有場合中都靈活運用錯覺技巧的話，請學會這個技術。

使用可以消除別人「壓力」、「恐懼」及「不安」的字眼，就能確實發揮錯覺遊戲的效果。

POINT

只要耍點花招，人很容易受自己的感知所矇騙。

11

用「心理定型」讓對手停止思考

反轉「框架技巧」讓對方措手不及

與人對決，一爭高下時必須要注意什麼呢？

那就是**「別讓對方知道你在想什麼」**。

告訴我這個道理的，是職業線上撲克牌玩家林佩斐。她是少數的女性職業玩家。

很多人以為撲克牌是靠賭運的遊戲，但是職業玩家和贊助商的存在，都清楚告訴我們，撲克牌不是賭博，而是一門競技比賽。

然而「別讓對方知道你在想什麼」到底是什麼意思？

根據林佩斐的說法，意思是：

有意識的在對方心裡製造對「自己」的框架。

她在玩牌的時候，會刻意讓對手記住自己的打牌模式。例如，按部就班的打牌或率性的玩牌等。這麼一來，對手會針對她展現出來的模式應戰。

主動讓對方記住自己的思考模式，就稱為「框架技巧」。

在交涉的場合中，假設你的交涉模式屬於讓步型，將這個訊息事先透露給交涉對象，這個時候即完成了他對你的「框定」。

實際開始進行交涉後，必須演好讓步型的角色，強化他對你的框架印象。而對方會以強勢的態度展開交涉。

此時，如果你突然採取強硬態度，對方會瞬間大亂陣腳。當對方一開始的強勢蕩然無存後，整個場子就變成由你主導。

這個技巧多多少少需要演技，如果演得好，局勢絕對會變得對你有利。其實這個框架技巧，也可以有效處理霸凌。在霸凌者的眼中，早已認定被霸凌者「懦弱，不會反抗」。假設被霸凌者突然「爆炸、暴怒、激烈反擊」，霸凌者原本的框架瓦解後，會心生畏懼並停止霸凌。

POINT

攻其無備，出其不意。

12

瞬間拉近距離的「平等界線技巧」

讓對方產生好感的方法

人類社會必然存在著「階級」。

這是自古以來不變的社會結構。任何環境中皆存在著階級，而站在金字塔頂端的永遠是少數人，絕大多數人位於底層。這是恆久不變的原則，未來也絕對不會有所變動。

但是，在競爭輸贏的場合中，如果想要控制對手，就必須有意識的操弄這個階級思考。為什麼？因為如果在對手與自己之間製造階級，會使對方緊閉心門，而更難以將他置於自己的掌控中。

必須卸除對方的警戒心，讓他意識到你們處於公平競爭的狀態。

這時候就要使用**「平等界線技巧」**。運用這個技巧時，會覺得和「鏡射」相似，不過兩者的本質截然不同。

鏡射是模仿對方的行為、動作。看到眼前的人拿起杯子喝的時候，你也跟著做同樣動作。

鏡射是廣為人知的心理技巧，相較於模仿肢體語言，「平等界線技巧」，模仿的是**對方的聲調**、**用字遣詞**、**說話的速度**。

也就是說，當對方大聲說話時，你也要放大聲量，精準的掌握並模仿他的說話方式和口頭禪。說話速度隨著對方調整，或快或慢。

如此一來，**對方會在無意識中產生「這個人和我擁有相同的成長背景，經歷過同樣的人生」的感覺，並開始鬆懈心防**。

在某個城市偶然認識同鄉人，一股親切感油然而生，這樣的經驗大家應該都不陌生吧。

從這個例子我們可以知道，人會對與自己相同立場的人敞開心扉、產生信賴感。在輸贏競爭中，只要有信賴做基礎，他人就會卸下心防，讓我們輕易伺機而入。

POINT

透過潛意識的心理作用，拉近彼此距離。

13

予取予求的「黃金二十分鐘」

借勢用勢

於公於私、甚至是跟別人下戰帖的時候，我們都有機會向別人提出要求。

在職場上拜託別人提供協助、私底下的請託、請別人「和你決一勝負」等，都必須想辦法讓對方答應自己的請求。

心理學家愛麗絲．艾森（Alice M. Isen）所進行的實驗結果顯示，「讓對方心情愉悅，他就會有耐心的聆聽你的訴求」。

而讓對方心情愉悅的必要手段，即針對他擅長的領域提問。

而且，讓他保持在心情良好的狀態下與你交談，也非常重要。所以，具體而言該怎麼向別人提問？

每個人都有自己的專長。針對別人擅長的部分，謙虛的說「我對這方面不熟，能不能請您教我呢？」請對方指點迷津。

接著，適時以「哦」、「太厲害了」等附和詞，誠懇的回應對方，他就會越講越起勁。然後，偶爾穿插自己的看法，讓他覺得你有認真傾聽。進行到這裡，對方早已心情大好。

但是一旦超過二十分鐘，人的激昂情緒會降溫至冷靜狀態。

也就是說，**對人有所請求的時候，要在對方心情變好的二十分鐘以內，提出自己的要求**。

或許有些人會覺得「太快了吧？對方會覺得很刻意吧？」這是只有失去這二十分鐘機會的人，才會產生的想法。

由於人心情變好後，處於興奮狀態，因此會失去正常判斷的能力，不會意識到別人的請託。

想要取悅別人、有事相託時，請務必在二十分鐘內完成。

POINT

想要達成目的，就要讓對方心情愉悅，並且打鐵趁熱。

14

「邏輯談判法」提升交涉成功率

看穿對方潛藏的期待

去拉斯維加斯的時候，我經常與各大賭場進行交涉。說出來你可能會驚訝不已，不管要在拉斯維加斯停留三晚或五晚，我從來不曾訂過旅館。而且，也從來沒自掏腰包吃飯。你肯定會想「哦，這是怎麼辦到的？」

其實，住宿和用餐都是我和各賭場協商後獲得的免費招待。他們甚至多次招待我甜點，禮遇規格媲美ＶＩＰ。

有人會問「你一定在賭場輸了很多吧？」絕對不是這樣，這些招待全都是賭場買單的。

總歸來說，我成了大贏家。本書沒有談到賭場的致勝方法，關於這部分有機會再跟大家分享。而現在我要介紹的是，**任何人都能成功進行協商的「邏輯談判法」**。

進行協商，聽起來好像很難。當然，協商需要很多技巧和話術等，不過只要掌握其中的根本邏輯，每個人都可以成功談判。首先，我來告訴大家為什麼我在拉斯維加斯可以獲得免費招待？其中到底藏有什麼竅門？

抵達拉斯維加斯的機場後，我首先為旅客安排接機巴士。我和司機攀談，告訴他們之後上車的旅客都是我的客人，拜託司機將旅客送到〇〇酒店的賭場。

接著，我會詢問車內旅客的姓名、控制巴士的數量，與特定的酒店聯絡。告知酒店：「〇〇旅客正前往貴飯店。是一位很好的客人，請好好接待他。」

說完，我則自行搭計程車跟在巴士後面，由於我介紹客人給酒店，因此得到一晚免費住宿。假設這位客人在賭場的貴賓桌（投注額無上限）豪賭，我則可以免費住上好幾天。

對於不習慣賭場文化的日本人而言，可能會驚呼「怎麼可能有這麼好的事」，不過這是因為賭場的主要收入並非來自住宿費。基本上，所有賭場都是靠賭客投注來賺錢。

由於我深諳這個道理，所以我的作法無往不利。

在這一階段，很重要的一點是，**明確知道別人要的是什麼**。明確掌握「他到底期待什麼」、「他的收入來源為何」等。如果能精確理解這一部分，交涉就變得輕而易舉。

假設你必須在職場上與他人進行協商，請徹底詳細調查交涉對象的期待。對方當然想要獲得利益，不過**肯定也有深藏其中的願望**。

曾經有一家公司委託我從旁協助他們與其他公司進行交涉。案主非常掛心對方公司提出的價格，但是從兩方的對話中，我發現重點根本不在價

錢。

我提示案主「他們在乎的是〇〇權益」。案主隨即轉移焦點於此後，雙方的協商立刻水到渠成，一點都不拖泥帶水。就像這樣，及早掌握他人「真正」的期待，才是成功的關鍵核心。

1. 找出博得對方信賴的關鍵（介紹客人給飯店業者）。

2. 找出對方真正的期待（在賭場砸錢）。

3. 彼此交換想要的東西（介紹客人給賭場，換取免費住宿）。

4. 一個方法行不通的話，再重新找另一個。

邏輯談判法就是不斷重複這個流程，不用擔心失敗。習慣之後，就知道該怎麼做，跟吃飯喝水一樣自然。

只要學會邏輯談判法，無論是在職場上或私生活，都可以不費吹灰之力的與別人建立信賴關係。

POINT 提出要求之前，先滿足對方的需求。

15

套上「幸福濾鏡」說服更省力

感性訴求力量大

說服他人的技巧多倒數不清，不過必須有相當的臨場經驗，才能發揮功效，因此可沒那麼容易學會。

所以我要介紹**可以簡單說服別人、讓別人聽話的「幸福想像法」**。

以前我因為想要買車，所以去了兩家汽車經銷商。

第一家經銷商向我介紹「車子的性能、外觀優勢及內裝有多豪華」等。第二家則跟我說明「假日可以載家人出去玩，空間寬敞，讓老婆和孩子坐得舒適又開心」。當初，我因為喜歡第一家經銷商的車所以去看車，結果我卻是跟第二家經銷商買車。

令我充滿幸福想像的經銷商，完全占上風。

想讓別人照自己的計畫走，**與其大張旗鼓的說服，不如讓他想像未來的美好前景，沉浸在幸福的氛圍中。**

在職場上也一樣，**使對方看見擁有商品後的「幸福模樣」，勝過從頭到尾不斷列舉產品的優勢、特性。**

紐約以前殺人事件層出不窮，據說是全球治安最差的地方。紐約市長非常擔憂當時的狀況，決定開始打擊犯罪。他運用了「破窗理論」來整頓治安。他採取的措施包括將電車、市區店家、一般家庭等地方的破玻璃全部補好，並清除街道牆上的塗鴉，使街容變得整齊、乾淨。

結果，紐約的犯罪案件竟然遽減，治安大幅好轉，民眾現在即使晚間外出也不必過度擔心安危（當然，還是有危險的區域）。

另外，人類還有一個習性是，不會想靠近沒有幸福感的事物。

想要讓別人對自己言聽計從，請務必妥善運用「幸福想像法」。這麼做就能讓你立於不敗之地。

POINT

廣告中幸福美滿的場景，往往能夠煽動購買欲。

16

瞬間博取對方信任的「預言技巧」

三句話打開對方心門

請你現在集中注意力。接下來，我將看透你的心思。

「你是一個非常優秀、才華洋溢的人。但是你對自己並不滿意。常常想，目前做的事情和工作真的好嗎？也經常思考一輩子就只能這樣了嗎？你雖然曾經感到疲憊，但還是一路忍了過來。你對現狀缺乏滿足感。但是，你的前途無可限量。學會更多的心理技巧，可以讓你實現目標。」

看了以後，感覺很不錯吧？

這就是**「冷讀術」**。

這個技巧可以**博取他人信任，在瞬間建立信賴關係**。

很多偽占卜師、算命師或靈媒，都會使用這個技巧進行詐欺。

這是「任何人都能執行的」技巧。你可以一字不漏的照前面那段話說一遍。

而直覺敏銳的人，應該會懷疑「不是所有人都吃這一套吧」。

所以，比冷讀術更高階的大絕招就是**「預言技巧」**。只要學會這一招，陌生人都會立刻對你深信不疑。

預言即**說出他人的未來**。

那麼，請再集中注意力。

「未來一個月內，你會認識新朋友。這個人可能會翻轉你的人生，請一定要留意之後出現在生活中的人。錯過這次機會，你就不可能再遇見他。」

雖然我很想跟你說，請期待未來一個月的變化，但是你不可能等我一個月，所以我先在這裡公布真相。

大部分的人並不覺得認識新朋友，有什麼好大驚小怪。但是如果這件事出自別人口中，卻會感到非常驚喜和期待。

如果有人真的在一個月內結交新朋友，心裡便會神奇的想「還真的被說中了」。

但是，如果沒有呢？

不必擔心。別人對於我的預言，記憶最多維持三週。超過這個期間，是不會有人記得的。不是有很多占卜師喜歡說「三個月以後」、「一年以內」嗎？正是這個原因。

我可以舉出自己料中別人未來的兩個例子。

我曾經在日本的電視節目中，針對當時一位已婚的女藝人進行表演。當時，我運用了預言技巧對她說：「妳現在和老公的感情很好，兩人處於美好的關係中。但不久之後，目前的狀態可能會出現裂痕。請一定要

特別用心處理。」這是已播出的電視節目，所以，或許有讀者看過。

結果呢？那位女藝人的婚姻最後以離婚收場。

還有一次我在關西的電視節目中，預言一位獲邀上節目的人氣女醫師，結婚對象會比自己窮，結果真的被我說中了。

就像我這樣，要說中別人的未來其實不難。

料事如神等於賺到了，

失準根本不會有人記得，無論如何都不會吃虧。

請務必運用這個技巧來獲得別人的信任。我的學生當中，有人利用這個技巧來做壞事，所以請潔身自愛，用在對的地方。

POINT

同時說出正反兩面的話，對方就會對你深信不疑。

17

被禁止的「潛意識技巧」

感受不到的最危險

有一種竊盜是，小偷假裝客人潛入店內並偷走商品，你知道這種竊盜方式，每年在日本造成多少受害金額嗎？在這個治安良好的國家，受害金額竟超過四千五百億日圓。甚至有公司因遭竊而破產，由此可知，此種竊盜方式的威力不容小覷。

其實我目前就職的公司，針對商家研發了「防竊用」的閾下聲音，也就是播放低於聽覺閾限的聲音。你可能會懷疑這真的有效嗎？不過在美國早就有很多商家導入這個系統，並且，據研究報告指出，安裝了閾下聲音系統的店家，遭竊率平均降低了七二%。

剛剛提到的只是聲音，其實，**還有一種技巧叫做閾下刺激效果，必須搭配說話和肢體語言**。在這裡我稍微針對沒聽過這個名詞的讀者，解釋一下什麼是閾下知覺。

這是在美國電影院裡實施的閾下知覺實驗，實驗者將「吃爆米花」與「喝可樂」的快閃照片，在電影中不斷穿插播放，等到電影看完，他們發現爆米花與可樂的銷售量大幅增加了。

由於播放速度相當快，觀眾並沒有實際看到可樂和爆米花的訊息，然而，這些商品早在播放的同時就進入觀眾的潛意識中，讓觀眾感到口渴、強烈的想吃爆米花。

有人說這是造假的，不過後來包括日本在內，全球都全面禁止在廣告中使用閾下知覺刺激手法。從這一點看來，實驗也未必是假的。

那麼，讓我繼續回到運用的技巧上。想要操控對方的行為，首先請有意識的在話中穿插特定用語。

例如，當你想誘導別人去執行某個行為的時候，**每當說到與這個行動相關的話，就用手指敲敲桌子，發出聲響**。這麼做，這句話就會進入對方的潛意識中，讓他很自然的做你要他做的行為。

重點在於反覆說出關鍵字，每說一次就敲一次桌子。結合說話和聲音，有意識的運用閾下知覺刺激，非常簡單可行。強大的效果絕對會讓你嘖嘖稱奇。

POINT 透過意識外的刺激，人類很容易被誘導。

18

讓對方說YES的魔法「雜音穿腦」

越吵雜越能提高注意力

日本與其他亞洲各國的學生之間，有一個相當耐人尋味的差異。不同的家庭環境當然也是形成差異的原因之一，不過我要說的是，日本的學生喜歡在圖書館或自己的房間讀書，而台灣、香港等其他亞洲國家的學生，則習慣一邊開著電視一邊讀書。

一般認為安靜的場所較適合專心讀書，然而，看看在吵雜環境中讀書的亞洲學生學力之高，就可以發現這個邏輯不一定是對的。其實，**人類的聽覺系統，能集中注意力在某些我們想要聽到的聲音上，這是大腦的運作**

機制。

你和朋友到一間很吵的餐廳吃飯，卻仍然可以清楚聽到朋友說的話，並忽略周遭其他的對話或噪音，正是上述大腦運作所產生的結果。

周邊環境出現噪音時，人類的大腦會進一步提高注意力，以避免受到噪音影響。

這是美國普林斯頓大學心理學家雷蒙德．弗農（Jack A. Vernon），在感覺遮斷實驗中所發現的結果。也就是說，亞洲學生選擇在吵雜環境讀書，是一個非常合理的行為。

假設你想要說服一個人，但不知道在哪個地點較有利自己，那麼絕對不要選擇鴉雀無聲的會議室，人聲鼎沸的地方才是正解。

曾經有某個企業委託我進行口頭報告。業主將地點選在公司的會議室，不過我建議他們邀請合作對象共進午餐並進行商談。當時，對方在吵雜的餐廳裡，專心看著書面資料，並將身體往前傾以便聽清楚我的話，午餐結束後他們表示「願意攜手合作」，就這樣我成功達成了這次商談的目的。

請務必運用雜音法來提升專注力。剛開始或許會受到噪音干擾，但是一定可以隨著時間逐漸忽略這些噪音，並將注意力集中在眼前的事物。不過這裡說的「噪音」，並不是重金屬搖滾樂或背景音樂，而是「人潮聲」。

在噪音中說服別人。在吵雜聲中專心讀書。運用雜音法，絕對會讓你有意想不到的收穫。

POINT 人聲鼎沸的地方反而容易達成說服目的。

19

將對方玩弄於股掌的「雙束訊息」

牽動情緒，擾亂思維

有一個賭場行規實在不應該拿來大肆張揚，不過賭場業者會派員工假裝賭客巡視賭場。除了監視賭客耍老千詐賭之外，另一個目的就是去干擾那些大贏的客人，擊潰他們的步調。

賭場業者使用的招數是「**雙束訊息**」。

雙束訊息**是一種話術陷阱**，也就是**提示別人數個相互矛盾的訊息，擾亂別人的思考**。

我在賭場擔任荷官時，有一個好朋友叫吉姆，每當他坐上我的賭桌執行這個任務時，他會對賭客展開下列對話攻擊。

吉姆：「哇，你臉色看起來不太好。嗯，我說錯了嗎？你現在狀況是好，還是壞？」

賭客：「呃，還不錯啊……」

吉姆：「怎麼可能！你一定覺得哪裡不舒服吧。下一張牌一定很爛。」

賭客：「你這個人，閉嘴好嗎！」

吉姆：「換我了嗎？還沒吧？這位荷官，我們可以結束這段對話了嗎？」

吉姆差不多是用這種方式運用戰術。看完以上對話，你應該也是充滿疑問吧。其實，和吉姆講過話後，那位賭客的手氣不再那麼旺，他碎念的說：「一定是因為和那傢伙說話，運氣才變差。」

為什麼原本氣勢如虹的賭客，會突然亂了步調？

是因為吉姆在對話中向他暗示了「雙束訊息」嗎？

沒錯，吉姆一開始就用「你現在狀況是好還是壞」，提示了兩個選擇。

這位賭客其實沒必要回應他。基本上，完全不認識的同桌賭客，是不會相互交談的。

但是這位賭客回應了吉姆的話。**這代表他落入了第一個圈套**。

果然，**這位原本賭運旺**

到不行的賭客，開始覺得自己會拿到「爛牌」，焦躁起來，這就是第二個圈套。

一旦情緒被動搖，就會感覺自己氣勢不再。而且，在他**請我朋友「閉嘴」的時候，我朋友卻無厘頭的說了一句「換我了嗎」，使他暈頭轉向，搞不清楚狀況。這就是第三個圈套。**

就像這樣，**想要擾亂別人的思考，比起講話頭頭是道，設法牽動他人的情緒才是上上策。**運用這個技巧，可以將別人要得團團轉，動搖他們的情緒，擾亂他們的思維。

另外，據說美國總統川普是使用雙束訊息的高手，二〇一五年十二月十五日，與傑布·布希角逐共和黨總統提名初選時，他就是用這個技巧轟炸對手，並贏得總統大選。

POINT **矛盾訊息會引發混亂，使對方無所適從。**

20

說話平易近人，省事省心

不必千言萬語，只要真實自然

人生的任何場合，都會使用到「語言」。

有些人喜歡不斷充實自己的語彙，賣弄自己的學識和能力。但是，看到這些講話文謅謅或喜歡引經據典的人，我們打從心裡覺得「太做作了」，不如把話說得簡單一點還比較「真實自然」。日本人愛用的和製英語（日本人將英語重新造字，賦予新含意的日式英語），就是一個很好的例子。

比如，與其說「我們應該遵守 compliance，注重 fair 的精神，提供良好品質的 customer service」，不如換成「我們要遵照規定，對所有顧客一視同仁，提供公平的服務」，聽起來還更自然。所以，用詞簡單的優點在哪裡？

在於令人**「可以一〇〇%理解」**。

在對話中穿插艱澀詞彙與和製英文，會讓聽的人似懂非懂，不理解單字的本質意義，而無法「相信」你說的話。

反之，如果使用連小學生都聽得懂的語言，我們就可以徹底理解，所以能夠產生「信任」。

事實上，這是辯論的基本技巧。辯論始祖亞里斯多德也在自己的著作中，提醒人們避免使用「冷僻單字」、「艱澀詞彙」及「多義詞」。

請記住，**「簡單就是真實」**。

我認為，日本的教育方式大有問題。日本人說話愛用艱澀語彙、術語、和製英語，這是不對的。

就算被罵，我也必須這麼說。真正的說話高手，即使語彙量多如辭海，還是會用小學生都懂的話來說服別人。

這和日本人的習性完全相反。

講「所有人都懂」的話，才能讓別人覺得自己很會說話。

成為說話高手，不需要豐富的語彙，而是要讓別人聽得懂自己說的話。

POINT

簡單就是真實，自然就能打動人心。

第3章

喚醒未知的力量！
進入贏家出神入化的境界

被趕鴨子上架。
……
缺點一直改不過來。
一點小事就理智線全斷……
吼…
怒！

突破不了自己的極限。
緊張到不行。
嗯，就是，這個…
怎麼會這樣～
給想發揮潛能的你。

21

「記憶干擾取向」杜絕強烈誘惑

加入新刺激抑制癮頭

「戒菸失敗……」

「賭博成癮症，快讓家庭支離破碎了……」

「發誓要戒酒，但偷偷躲在廚房喝……」

壞習慣會讓我們失去健康和美好人生，這是每個人都心知肚明的道理，不過很難戒掉也是事實。應該有很多人覺得「這麼簡單就能戒掉的話，我也不必那麼辛苦了」。

我有一位年長的美國男性友人，他在香港經營一家店。越戰期間，他曾經參加美軍直升機支援部隊，負責提供後勤補給前線人員。

他曾拿出一張張當時的照片，對我訴說著自己的故事，內容簡直就像電影《前進高棉》（Platoon）的劇情。

戰爭結束後，他依舊擺脫不了古柯鹼、搖頭丸、大麻等毒品的控制。當時，軍隊內部似乎對毒品濫用的情況睜一隻眼閉一隻眼，這也是戰爭不為人知的黑暗面之一。

戰後，他回到美國，但是毒癮持續控制著他的生活，他甚至一度成為流浪漢。

因此他參加戒毒團體治療，希望能一次擺脫毒癮。最後，經過多次治療和復健，他終於戒毒成功。

其中有一個最有效的療法。

那就是**「記憶干擾取向」**（Memory Distraction Focus）。簡稱MDF。

這個療法非常簡單，可以用來改善所有壞習慣。接下來的例子非常貼近我們的日常生活。

很多人都曾經「戒菸失敗」吧。

每個壞習慣都一定有觸發點，啟動觸發點後，讓人克制不了壞習慣。就抽菸來講，想抽根菸的時機，不外乎是閒下來的那一刻，例如「飯後」、「工作告一段落」、「等人的空檔」等。

人們就是在這些瞬間，極度渴望滿足想抽菸的欲望，對於老菸槍而言，只有抽根菸才能滿足這個欲望。

因此想要解決這個問題，就要祭出記憶干擾取向技巧。

在想要採取行動滿足欲望的瞬間，回想一件自己最討厭的事，並用針刺自己的身體。

用針刺身體的時候，必須產生痛感才能達到效果。

在我們充滿欲望和衝動的時候，腦部又處於什麼狀態呢？

當我們以抽菸滿足菸癮的時候，腦部會感覺到「快活」。

但是，如果在這個時候**回想令自己作嘔的事情，腦部會開始混亂，再用針刺入自己的身體，痛感會使腦內的「快活」感覺，轉換為「不快活」**。

反覆執行干擾的動作，就能逐漸讓腦部本能的對壞習慣產生不好的感覺，如此一來，自然就能屏除壞習慣。

美軍退役人員利用這個技巧重新振作，如果你也有想要消除的壞習慣，請一定要試試看這個方法。

POINT

攔截大腦記憶，根絕壞習慣。

22

讓人生無陰影的「REGH」

豁達大度的人生態度

現在市面上有很多闡述人生哲學和自我啟發的書籍，人們可以簡單學到許多改變人生的方法。

國中的時候，我也深信「墨菲定律」，把零用錢都用來買這系列的書籍。

我不只看，更將書裡教的各種逆轉人生的方法，實際運用在自己的人生中。我不否認這些書籍的有效性或助益性，但是總覺得少了一項關鍵因素。

後來，我發現，原來關鍵在於「**REGH**」。

REGH指的是宗教（religion）、倫理（ethics）、神的觀點（godview）、人性（humanity）。

請你在腦中想像一個畫面，你站在正中央，被宗教、倫理、神的觀點及人性從四方包圍。

宗教並非任何既存的宗教信仰。而是相信無形中有一股比自己強大的力量，無時無刻監視著自己。

倫理即世俗倫理。也就是行為準則、肩負社會責任等。

神的觀點意味著跳脫人類的狹隘視野，擁有綜觀全局的思維和胸襟。

最後，人性指的是一般人應該具備的態度。也就是愛人、助人、敬人。

假設這四個要素是光，其中只要有一束光從某個方向照向你，一定會產生陰影。

當只有宗教的光亮起，必然照出另一面的影子。僅是崇拜宗教，將導致人際關係出現裂痕、對教義著火入魔，就像肆虐全球的恐怖組織。

看看宗教戰爭，就不難理解曲解教義、走火入魔，甚至挑起戰爭的人，是多麼愚昧。他們認為唯有自己的信仰才是真理，排除異己，剷除非我族類。這些陰影在人類歷史上，引發了多場宗教戰爭。

凡事講求倫理，則會失去情義，傷害他人並帶來衝突。僵化、固定的判斷標準，一絲不苟的區分是非黑白，抹去灰色地帶，沒有任何寬容的餘地。就像法官一樣依據法律判決，缺乏人情味。

如果不具備神的觀點，即沒有綜觀全局的能力，變得短視近利，把格局做小。

如果我們只看到大象的局部，根本不知道眼前是什麼，但是，往後退一步、擴大視野後，就可以看到完整的大象。擁有神的觀點，等於擁有看清事物真實面貌的能力。

而光靠人性，解決不了超越人類智慧的摧毀性災難或困境，導致累積心理壓力。

例如，日本是地震等天災頻傳的國家，在地震中失去至親好友的人，根本不知道可以怪誰，只能無語問蒼天。

如果是人為疏失，那總還有一個可以發洩怒氣的對象。但是發生天災就怪不了任何人。這種情況下，人在精神上會產生極大的壓力，承受難以忍受的痛苦和折磨。

很多哲學書籍，並未談到人類的黑暗面。而少了對人性陰影部分的關注，會讓我們失去戒心。我們應該更留意人性的黑暗，讓自己遭射冷箭時，依然可以全身而退。

所以，單方向的光會照出陰影，使人格不健全。只有四面的光齊發，才能讓陰影消逝。

在沒有陰影的狀態下，健全人格使我們具備超越一切的力量，並激發出人類最大的潛能。

意識著這四個要素，讓自己成為達觀的人，展現豁達的人生態度和寬大的氣度。請運用「REGH」打造更強大的自己，為人生帶來飛躍性的成長。

POINT

達觀才能內心強大。

23

大腦再開發，以「聲音」活化腦部

喚醒沉睡的右腦

接下來要介紹的「聲音」技巧，其實稍微偏離心理主題，但這是一個可以有效提升專注力的方法。

我到現在還是會用這個方法來讓自己專心。冥想和坐禪等，也是訓練專注力的好方法，但是我非常推薦生活忙碌的現代人，可以嘗試以聲音活化腦部。

人類的腦，與聲音之間有著緊密的連結。基本上，記憶可以分為「左腦記憶」和「右腦記憶」兩種，在日常生活中，我們頻繁使用的是左腦記憶。我們用左腦來記住文字、數字等，特性是記得少、忘得快。而右腦則是圖像記憶，特色是記得多又久。

左腦一分鐘可以記住二十至三十個字，而右腦的記憶力是左腦的一百萬倍。

既然右腦的功能如此優異，為什麼我們無法在日常生活中發揮它的功能？

答案很簡單，因為右腦總是處於睡眠狀態。當人想要專心、認真的時候，腦會感到麻煩，並開始陷入昏昏欲睡的狀態。

因此才要用特殊聲音來刺激右腦，使右腦覺醒。右腦掌管創造、直覺、音樂、圖像、空間、想像等功能，透過刺激可以喚醒右腦，使人的靈感源源不絕，專心思考一件事。

為什麼聲音有這種效果呢？這是因為腦會控制周波數。例如，傳入左耳的音調是十赫茲，傳入右耳的是十二赫茲，由此產生二赫茲的周波數的差，腦部將左右耳傳來的音訊加以合成，並將周波數的差異值同時傳往左右腦，形成腦波。而近來的研究指出，**腦在形成腦波時，會增加多巴胺神經元，可提升專注力**。

在工作環境中製造聲音的頻率差異（其實我現在就是邊寫邊聽），一個小時一下子就過了。或者，找出並活用可以控制腦波頻率的聲音，也非常有用。

POINT

右腦記憶力是左腦一百萬倍，可用特殊聲音來活化右腦功能。

24

超越極限的「腎上腺火山爆發法」

神奇的「洪荒之力」

自我催眠和自我肯定等，都是自我暗示的手法，很多人運用這些方法達到改變行為的目的。

每天持續想像未來的自己，許下願望、寫下理想的自我，就能將這些形象灌輸至意識中。也許作法或名稱有所改變，不過，這都是承襲自拿破崙・希爾（Napoleon Hill）和喬瑟夫・摩菲（Joseph Murphy）那個年代的心理術。

如果你原本就是這個方法的愛好者，除了繼續執行之外，我也希望你能加入我接下來要介紹的**「腎上腺火山爆發法」**。

一看到腎上腺素和火山這兩個詞，我們不難理解，意思就是讓腎上腺素大噴發。

在我公開這個技巧之前，應該很少有人聽過這個方法。這是我二十幾歲的時候，一位大老闆傳授給我的方法。這位已逝的跨國網路公司老闆，和知名的成功激勵大師安東尼·羅賓（Anthony Robbins）一樣，都是師承成功學之父吉米·羅恩（Jim Rohn）。

接著，進入正題來說明這個方法。

在你想像未來、描繪理想自我及肯定自我的前後，請進行可以使心跳加快的運動。例如，短跑衝刺。我自己則是藉由打沙包來達到這個目的。

為什麼要這麼做呢？因為，激烈的運動有助腦內分泌腎上腺素。

釋放腎上腺素的作用是，人類會在短時間內進入興奮狀態，也就是產生「洪荒之力」，發揮自己前所未有的潛能。但如果一直處於高度興奮的狀態，會耗盡體力，使人筋疲力盡，因此腦部會抑制腎上腺素的分泌。

想像理想未來和自我肯定時，有意識的控制腎上腺素的分泌，**就能跳脫思維、超越「不可能」的框架，不再懷疑「自己不行」**。

並且，藉由瞬間大量分泌腎上腺素，大腦會更加強化你所輸入的訊息。

POINT

運動不僅能增強體能，更能釋放腎上腺素激發潛能。

25

不設「安全地帶」，激發無限潛能

做大牌，不胡小牌

職業撲克牌選手和甘於淪為業餘玩家的人之間，到底差別在哪裡？前者領巨額獎金變成億萬富豪，後者贏得的賭金卻永遠只有數十萬，到底是什麼原因產生天壤地別的落差？

其實，**職業選手們的共通點是，他們都有主動挑戰自我的信心**。

意思是，**他們不會想「這樣就夠了」，不會對自己設限**。

設限也稱為設定**「安全地帶」**或**「安全線」**，表示可以令人感到精神穩定的舒適領域。

不用懷疑，你心裡一定也有自己的舒適區。

以職場為例來說，一定有你比較擅長，兩三下就可以完成的工作吧？這些輕而易舉的工作，就是你的安全地帶。

不過，問題來了。如果你甘願永遠待在安全地帶，不跨出一步的話，那麼你的人生大概也不會有什麼長進了。一樣的工作做二、三十年，缺乏成長性。

而且，安心舒適的感覺並不會永遠長存。

安全地帶的特色是，**即使現在感到安全，安全的範圍也會逐漸縮小**。

人一旦安逸下來，令人不安的因素就會接踵而來。

在職場上變成老鳥，感覺工作順手、穩定後，原本以為自己可以一路安逸下去，但是一聽到競爭對手的消息和動作，又馬上開始擔心「不求上進好像有點危險」。

因此，安全地帶其實只存在於人的幻想中。

就像當所有植物都生長於一樣平凡的環境時，不用期待有任何一株會長得特別高大健康。然而，如果將植物種在肥沃的土壤，給予足夠的日照，他們就會日漸茁壯。

職業撲克牌選手，在低限注（賭金上限約十萬日圓）的遊戲中，不費吹灰之力就能贏時，一定會繼續挑戰賭金較高的遊戲。

如果他們僅想要餬口飯吃，留在低限注的賭桌上就能保證一輩子不愁吃穿。

為什麼要挑戰高限注的遊戲呢？除了想要贏更多錢之外，他們更深知待在安全地帶的危險。

持續待在舒適圈裡，會漸漸被內心的恐懼和擔憂控制，失去判斷的能力。

想要獲得成長、培養堅強的毅力並激發自己的潛能，就一定要持續挑戰新事物。

貫徹這種積極的態度，你便能獲得無止境的成長。你會發現自己的能量遠遠超過別人，越來越強。

我曾經養過斑點雀鱔，從十五公分開始養的小魚，體型會受限於魚缸的尺寸。也就是說，養在小魚缸中的魚，不可能長得比魚缸還大。

不過，如果將魚放養在河川或池子中，有的魚甚至會長到一公尺大。

人類畫地自限，跟養魚的道理是相通的，關鍵在於要把自己做大或做小。

而我們為什麼在不知不覺中把自己圈住呢？這些框框其實都是你身邊的朋友和學校老師，所打造出來的。

父母、朋友、同學等人對你的期待，已經事先預設了框架。

符合他們的期待，就可以獲得認同、接納及稱許，這樣的思維綁架了自己。

一旦被洗腦，他們所設下的框架，就會變成你判斷事物的標準。然而，這些框架都是騙人的伎倆。踏出框框，才能挖掘出你真正的潛能。

POINT

別讓過往的成就限制成長。

26

「做自己思考法」讓你不再窮緊張

一皮天下無難事

「一站在眾人面前，就緊張到肚子痛……」

「口頭報告的時候，總是講到一半就腦袋一片空白……」

「越努力克制緊張程度，手腳就越容易出汗……」

在我的諮詢經驗中，上班族最容易有的煩惱就是「緊張」，對人恐懼症幾乎是普遍的問題。

以前，我在錄電視節目的時候，曾經有導播問我：「你完全不緊張嗎？」節目正式開錄前，大部分的時候我都待在休息室睡大頭覺，可能我看起來一派輕鬆，所以才會被這樣問吧。

說實在的，我還真的一點都不緊張。不管是錄影還是現場直播，完全沒有緊張感。不過這可不是天生神力，而是後天努力得來的能力。

有一次，我和自己所敬仰的資深藝人美輪明宏先生同台演出，對於台下觀眾的問題，他是這麼回答的。

他說：「人之所以會緊張，是因為打腫臉充胖子，不自量力。如果已經完完全全展現真實的自己，還是緊張到不行的話，就把觀眾區想像成一整片農田，把台下的觀眾全部當作南瓜或白蘿蔔。」

這樣的思維模式，在心理技巧中稱為**「做自己思考法」**。

我們和朋友聊天時，心情閒適，從容不迫。這是因為我們可以很自然的展現自己，不需要塑造另一個形象。

相反的，偽裝自己去呈現一個虛華的自我形象，人不免會感到緊張。

如果你在眾人面前會感到手足無措，緊張兮兮，問題絕對出在你不懂量力而為。如果不想要因為緊張而搞砸所有事情，那麼請停止偽裝自己，展現真實的自我。

身經百戰後，你的能力自然會提升，實力也會跟著變強。勇敢的卸下面具，不必害怕在眾人面前展現真正的自己。

POINT

一心追求完美表現，反而會困住自己。

27

「銘印效應」讓你成為人上人

牢不可破的「先入為主」

我來問個問題。大家都知道現任美國總統是川普，那麼，請問副總統是誰？

還有，牙買加的「閃電」波特（Usain Bolt），是奧運史上最快的短跑選手，第二快的又是誰？

我想應該很少人知道答案。除非是對美國政治或田徑有研究的人，否則應該沒有人答得出來。

就像這樣，我們都記得第一名是誰，但幾乎沒人知道誰是第二，排名再往下更是完全沒印象。

這是為什麼？

人類對於初次所見所聞的事物，會留下深刻的印象，而且記得比任何事都清楚，這就是大腦的運作機制。

心理學稱之為**「銘印效應」**。

例如，同一件事情，只要改變頭銜或稱呼，獲得的效果就截然不同。舉例來說，業者就是瞄準銘印效應的效果，才會運用「日本唯一」、「日本頭號店」等稱號做噱頭。

那麼，是不是非得成為第一？答案是肯定的。除了位居冠軍寶座的人，其他人都會被當作閒雜人等，只有被遺忘的分。因此即使我們和別人做的是同一件事，也必須為自己創造另一個新領域，讓別人容易記住我們的存在。

而在新領域成為第一，不是什麼難事。

所以請自行創造讓自己獨占鰲頭的新領域。

但是自行創造新領域的同時，也不能忘記對打下基礎的前輩們表示敬意。儘管長江後浪推前浪，欠缺敬重前輩的態度，即可能觸犯眾怒，限縮自己在新領域的發展。實際上，我也聽過因此得到慘痛教訓的案例。

總之，以第一為目標。在目前的領域做不到的話，就自己劃地為王，並且尊敬前輩。如此一來，你就能成為該領域佼佼者，而人們也將牢牢記住你的名字。

POINT 以第一為目標，若做不到，就自己創造新領域。

28

海豹部隊的「四〇%法則」

超越極限的能量開發

請協助我做個實驗。

現在開始做伏地挺身，直到撐不下去為止。你做了幾下呢？請將次數記錄下來，一週後再挑戰一次伏地挺身。如果第一次做了一百下，那麼第二次應該也在一百下左右。前一次五十下的話，這次應該還是五十幾下。

你或許會想「體力就只能做這麼多下啊，再多就不行了」，不過美國奧瑞岡州立大學（Oregon State University）體育科學研究的結果指出，使用過的肌肉，經過一週後會獲得強化，繼續增加負荷的話，肌肉還是可以承受得住。

如果第一次做了一百下伏地挺身，一週後理應可以做到一百二十下。五十下則一定可以增加到七十下。這就是加強肌肉負荷能力的結果。

那麼，為什麼你第一次和第二次的次數一樣？

這是因為**你的腦擅自幫你「設限」**。

人類天生具備宛如恆溫器的功能，非常討厭變化。恆溫器是飼育觀賞魚的設備之一，用來自動調節水溫，當魚缸內的水溫變冷時會自動加溫，變熱時則自動降溫。

人類的腦部也具有相同功能，因此有些人碰上結婚等人生大事時，會不由自主的產生婚前憂鬱。搬家到新環境時，也會感到不安恐慌。

從上述這些例子可以知道，我們老是自行綁手綁腳。雖然這是自我保護的本能，但是自我設限同時也會妨礙我們追尋夢想和目標。因此，我要介紹一個美國海豹部隊所運用的**「四〇%法則」**。

為了跨越自己的界限，首要之務就是「超越界線」。

你或許會認為「這不是廢話嗎」，不過我可是認真的。就算你覺得看起來再理所當然不過的事，只有曾經超越自己界線的人，才能真正掌握箇中真意。

當我們覺得已經到了自己的極限時，我們會在心裡想「撐不下去了」、「這樣就夠了吧」、「先到這裡就好，再繼續會死人的」。其實當你對自己說這些話的時候，你**只發揮了四〇%的潛力**。

在海豹部隊，他們學到的是，出現這個想法表示「現在開始才是勝負關鍵」。

他們告訴自己「還有六〇%的能量」，鼓舞自己超越極限。

一旦跨過自己的極限，人會發現自己潛藏著無限可能並充滿自信。

我們可以嘗試在任何方面超越自己。例如，可以像前面一樣挑戰做伏地挺身。假設你目前最多只能做到一百下，那麼請將目標設定為二百下。達到目標後，休息一下再繼續挑戰下一個目標。

或許目前只能做十幾下，但是不要氣餒，持續挑戰就對了。休息再挑戰，休息再挑戰，這是超越極限的不敗模式。

堅持下去，最後一定會累積到二百下，而二百下是一個很重要的里程碑。

完成二百下的目標後，你的大腦會開始意識到，你是一個可以超越極限的人。

挑戰極限的過程中，肌肉可能會痠痛、無力，但是這段歷程絕對可以翻轉你的人生。

切勿光說不練，實際執行後，你一定會對自己的轉變感到非常訝異。

POINT

當你感到「撐不下去了」，才正是潛能將被激發的起點。

29

願力強大，就能心想事成

透過「編寫情境」完成理想人生

人生百百款。各種人生經歷，塑造出一個人的人生觀。如果你對自己的人生感到不滿，覺得「這種人生實在太空虛了」，表示你必須改變自己的人生觀。

對人生不滿的時候，很多人會感嘆自己缺乏人生歷練。例如，上班族會羨慕成功創業的人，認為他們人脈廣、時間自由。排除上班和創業的優缺點不談，這兩者在經營事業方面的歷練，原本就相差甚遠。個別的歷練，造就不同的人生，這是簡單的道理。

但是請不要輕言放棄機會，認為「沒經驗當然沒轍」。出現這種想法時，請運用**「心智腳本分析法」**。

意思是，**想一想哪種人生觀才能幫助自己達成理想和目標，將這樣的人生觀化成腳本，內化至自己的意識中**。

具體作法相當簡單。先忘記自己過去的一切。然後，**把你心目中的理想人生，當作「自己」的人生，編寫從幼年到目前為止發生的每一件事**。

如果你覺得直接想像有難度的話，就先將自己真實的人生列在紙上，再逐一加入變化。

接著，最重要的步驟來了。

開始透過想像去體驗自己編寫完成的理想人生。

藉由不斷的想像體驗，你將形成新的價值觀和人生觀。新的人生觀也將內化至你的腦海中。

其實，我們的腦無法分辨真實世界和虛擬世界。因此，透過ＶＲ虛擬實境科技，走在高空的鋼絲上時，如果有人突然在後面推你一把，從高空墜落的感覺是非常逼真的。

我們進行想像時，腦部會把想像當成真的，因此藉由不斷輸入編寫的人生，我們就能真的開啟嶄新的人生。

改變人生觀，請從編寫充滿能量的人生做起。用「你」的雙手，翻轉自己的人生。

POINT

大腦蘊藏無限可能，替它植入你的完美人生場景，讓想像成真。

30

模擬「將死法」工作三倍速

突破的契機就在走投無路時

我做事喜歡拖拖拉拉，或許你也跟我一樣有這種壞習慣。非得等到最後，才後悔「如果提前開始做，現在就不會那麼痛苦了……」。

感到「麻煩」，所以習慣把事情拖到最後一刻，而惰性只是養成壞習慣的原因之一。不過人類在被逼急的時候，反而能發揮最大潛能。

拖拖拉拉的壞習慣，竟然也能窺見人類的潛力。

比如說，工作截止期限迫在眉睫時，原本需要一週才能完成的工作，竟然兩天就處理完畢，我想很多人都有過這種經驗。

我旅居國外時，看過很多在日本學了一輩子英文就是學不好的日本人，一住到國外，三個月內馬上可以用英文對答如流。

這應該也是因為被環境逼著「必須開口」吧。

研究證明，人類在壓力下，會努力提升自己的能力，學習能力也會突飛猛進。也就是說，**想要加強自己的能力，就必須讓自己處於緊迫的狀況中**。

但如果不是面臨移居海外等環境變化，其實沒有那麼容易讓自己陷入「走投無路」的狀況。

所以在這裡要推薦給大家的心理術是「**將死法**」。

將死是西洋棋術語，表示國王被攻擊、無法解圍的情況。因此將死法指的是，**將自己「逼到無路可退」的狀態**。

作法相當簡單。舉例來說，假設在職場上，你預定每個月新增一百位顧客。這等於每天增加五位顧客才可以順利達標。

然而，**不妨將目標顧客人數加倍至二百人**。目標提高後，時間當然也跟著被壓縮。很多人一聽到目標變高，就會開始抱怨「想搞死人啊！光是每天五位，我就吃不消了，現在還……」。

然而，某企業老闆執行這個方法以後，業績竟然提升了三八〇%。

「什麼！業績竟然成長三倍……太神奇了！」

敏銳如你，一定會注意到這一點。將目標提升為原來的兩倍，剛開始一定很辛苦，不過逐漸掌握箇中訣竅之後，增加二百名新客戶跟一百人，花的時間其實是一樣的。從這個例子來看，你應該不難發現我們因為惰性浪費了多少時間。

從我自己的經驗來看，**將目標值提高至三倍，達標的所需時間完全不變**。

當然，這是在掌握要領、不怠惰、加緊腳步的前提下，才能成功做到。

病逝於二〇〇八年的鮑比．費雪（Bobby Fischer），是一位傳奇的美國職業棋手。他在冷戰期間，擊敗前蘇聯選手，成為美國史上第一位登上世界棋王寶座的選手，一舉成為美國英雄，更被譽為西洋棋的傳奇人物。他在生前著作中寫到的下棋訓練法，完全符合我所說的將死法。

通常，進行下棋訓練時，需縝密的思考時間。

不過，**他的作法是將思考速度加快至兩倍以上**。

經過訓練，他的大腦會習慣以這個速度思考，因此相較於其他西洋棋選手，感覺可以思考的時間更持久。

但是，鮑比並沒有就此打住，他持續加倍速度，進行思考練習。最後，在西洋棋界締造輝煌成績，傲視群雄。

請務必挑戰將死法，至少三個月不間斷。三個月後你不僅能提早完成目標，旁人也會投以羨慕、讚嘆的眼光。

POINT

訓練自己用相同時間達成兩倍、三倍目標。

31

利用「神之眼」加強自制力

一心不亂，堅定意志

我擔任荷官的期間，經常碰到有趣的人。其中最令我印象深刻的，是一位叫做西蒙的女性。

她是一位沉穩冷靜的職業撲克牌玩家，擅於管理籌碼，散發著討人喜愛的氣息。有一天，我下班走出賭場時，剛好看到她從咖啡廳走出來。

我正想靠過去跟她攀談的時候，她突然走進旁邊的教會。我往教會裡面一看，發現她跪著專心向神禱告。

接著幾天，她繼續到教會禱告。

雖然她是職業玩家，不過，在她身上完全找不到一般人印象中低俗的賭徒氣質。她不但對賭場的員工輕聲細語，賭局中也不會有情緒化的表現，無論輸贏，都不為所動。

當她看到荷官因為客人慘輸，而感到沮喪、對不起客人的時候，她會把籌碼送給荷官並說「不用在意，去吃一頓好吃的」，總之是一位很和善的客人。

她絕對稱得上是一流的職業選手。而我在這裡要特別點出，她成為高手的關鍵，在於**設定贏錢的金額上限**。

通常人只會在輸的時候設停損點，而希望贏得越多越好。而賭場正是瞄準這個弱點，在客人瘋狂的想贏更多的時候，整個局勢突然大翻盤，輸到連本金都歸零。但是她為自己設定彩金上限，沉著穩定的照著自己的步調走，在局勢逆轉前離開賭場。

其實我非常喜歡她，曾經追求過她並交往了兩年，交往期間我學到她沉穩中帶著力量的祕密。

她告訴我：「我們的身邊總是圍繞著天使和惡魔。而神一直凝視著我們，看我們究竟會聽誰的話。是神，因為神的目光，使我心裡產生巨大的能量。」

很多人每天生活在繁忙緊湊的步調中。尤其住在大都市的人，一天的時間晃眼即逝，哪還有時間檢討自己或留意神的注視。然而，這就是「強者」和「弱者」的差別。

舉例來說，遠洋航程中，除了目的地，也必須設定行經的航點。並且，應該留意海象變化，隨時確認需不需要改變航程、是否航行在規畫好的路線上。

這就像人的「意識」。尤其在競爭、比賽當中，**必須確認自己目前的狀況、贏了多少、再贏多少就收手等**。

西蒙用天使和惡魔來說明這個道理，而她也在賭場上落實自己的原

則。

「今天就贏到這裡為止吧！」天使說，「怎麼可以停！再加把勁，大筆大筆的鈔票就要進口袋了。」惡魔也在耳邊低語。當天使和惡魔的聲音同時出現時，如果我們深信「神的目光」正在監視著我們，我們就不會採取魯莽的行動。

開車的時候，如果看到後面有警車，你還會超速嗎？當然是乖乖遵守交通規則。

相信神凝視著我們，就能產生自制的力量。

能夠自制的人，才得以成為強者。

相信「神的存在」，才是真正的強者。

另外，這裡所說的「神」，並非特指任何宗教，而是超越人類知識、智慧的強大力量。當然，你還是可以將這個方法運用在自己的信仰中。

POINT **能自我管理，才能成為強者。**

32

記住沒有「絕對」，不受騙

世上沒有絕對的事

「前途未卜」。

這句成語眾所皆知，意指未來不可預測，即使目前風平浪靜，也不可輕忽怠惰，因為前面可能有更大的逆境和難關在等待著自己。然而，很多人卻只看到光明的那一面而安逸鬆懈。世界上沒有「絕對」的事，但很多人卻一直在追求「絕對」。

許多人說「去考公務員或到大企業上班，絕對可以過個穩定的生活」，然而，由於太過穩定，因此害怕一有個閃失就會一無所有，導致生活陷入困頓。

還有人大言不慚的說「這門生意絕對賺，那個投資絕對不會虧」，但如果真的會賺錢，應該不會隨便將資訊透漏給別人，而是自己去開創事業。把眼前的金雞母拱手讓人，實在令人難以想像是怎麼回事。

人生中沒有「絕對」兩個字。

這個重要的道理，我希望所有讀者都能謹記在心。

在這個世界上，只有騙子才會說「絕對賺」、「絕對保證」、「絕對沒錯」。真正見識廣博的人，不會用這個字眼。

絕對這兩個字，對於精神耗弱的人特別有效。

有句話說「絕對意味著死亡」（absolute means die）。這句話的由來，跟一個愚者的故事有關，這個愚者聽信別人跟他說前面的路絕對安全，所以不假思索的駕著馬車全速前進，卻掉入死亡懸崖。

受騙的人被對方用心理術耍得團團轉，玩弄於股掌之間。因此，為了避免自己遭遇這種不測，應該隨時意識到「**說絕對必死無疑**」這個原則。

這句話的意思是，**絕對會招致死亡**。

另外，儘管正面的現象裡沒有絕對兩個字，但負面事物是與絕對並存的。請記住，沒有「絕對會成功」的道理，但是「絕對會失敗」則是千真萬確的。

POINT

人生唯一的絕對就是「沒有絕對」。

第4章

我說了就算！消滅恐懼與不安，霸氣掌控全局

大刀闊斧，
B計畫
這是怎麼回事…
克服恐懼，
我抓啊啊啊
喝!!!
帶來逆轉可能性。
YOU WIN!!

持久的專注力。
錚錚錚錚
咯咯
……
給我靜！！
掌控比賽的進行，
成為真正的贏家。
噹

33

放置「目標旗」當機立斷

設立標的勇往直前

「到底為什麼會做這種蠢事……」

「果然應該選這個才對……」

你可能也有過這種經驗，懊惱自己判斷錯誤，導致功敗垂成，或是破壞建立起來的信任關係。尤其是經過審慎思考的判斷仍是失敗，更是令人打從心裡憤恨不已。

為什麼我們會判斷錯誤？

導致我們失去判斷力的原因之一是，「**沒有充分理解自己的本分**」。

由於不清楚現在應該做什麼、必須採取什麼行動，所以也不知道到底有哪些事情等著自己下決定。也就是，這個問題與判斷能力無關，而是對於整個「狀況」一頭霧水。

想要做到迅速思考、立即判斷，必須學會思考事物著陸點。

這就稱為**「目標旗」**思考法。

就像打高爾夫球時，球洞的旁邊插著小旗，指引打球的人要瞄準哪個方向推桿。因此掌握邁向成功的最後一步和目的相當重要。了解自己在做什麼、為什麼而努力，就會清楚有哪些事情需要判斷。

例如，假設你正打算到餐廳吃中餐。你是想飽餐一頓，還是想好好享用一頓美食，不同的目的會讓你選擇不一樣的餐廳。

為什麼？因為你很清楚自己的目的是什麼。只是想充饑，還是享受一頓美味豐盛的大餐？選擇自然不同。

另一個讓我們失去判斷力的原因，並非下不了決定，**而是「擔心下決**

定之後，會發生預料外的事」。

杞人憂天導致我們無法果斷決定。

想要擁有判斷力，就不能預想太多未來會發生的事。

總是煩惱無法預知的未來，只會讓自己下不了決定，浪費時間。賭場的常勝客，各個都是抓緊時間，精準判斷的好手。

在賭場慘輸的人，通常都是不知道該在哪裡收手，贏了就想要一直贏下去。

反之，為自己設下彩金上限的人，只要不是運氣太背，通常都可以照他們的預期贏到錢。這是我長年擔任荷官以來，領悟到的道理。

而且，很有趣的一點是，身上籌碼很多的人贏面大，手頭吃緊的人輸的機率較高。在賭場中，有的客人會一次下大筆賭注。電視、電影也經常演出「梭哈逆轉勝」的戲碼。

但是就我的經驗來看，這樣的玩法有九成以上的人會輸慘。口袋中籌

碼夠多的人，不會「擔心」丟出去的籌碼消失。

例如，假設你到超商買東西。口袋只有一千日圓的時候，買什麼東西都要看看價格，猶豫再三。

但如果皮夾裡面裝著三百萬日圓？一定不會「擔心」價錢，想買什麼就拿什麼，非常自由。

所以，在任何方面都給自己充足空間，能夠彈性思考的人，就能打開視野。而寬廣的視野，在競爭中扮演非常重要的角色。一旦擔心這個擔心那個，導致視野變窄的話，是完全沒有勝算的。

在競爭中，**找出目標、確定自己要贏多少。不必過度擔憂做決定後會發生什麼事**。將這兩點謹記在心，當個贏家一點都不難。

POINT

過於躊躇，只會阻礙前進的腳步。

34

「傀儡鏡」逆轉局勢

模仿對方，打亂對方步調

在競爭或比賽中勝出的人，都具備**臨危不亂**、**處變不驚**的共通特質。

舉日本戰國時代的織田信長為例，他通權達變的能力，絕對超越時代。

當時，最強的軍隊是武田家的騎兵隊，人人聞之喪膽。為了與之抗衡，織田信長從種子島購入槍枝彈炮等兵器，研發了「三段式攻擊法」，克服當時槍砲的缺點，並以此擊潰武田家的騎兵隊，由這段歷史便可窺見織田信長異於常人的應變能力。

他不但開放基督教傳教，也推行樂市樂座（主要為免除稅金，同時也廢除了收取通行費的關所，讓商人和旅行者能夠自由往來無阻）制度，獎勵自由貿易，活化日本經濟。如果當時由他繼續統治天下的話，現在的日本可能早已成為和美國並列的強權。

光想像日本在織田信長的統治下，會變成多麼強盛的國家，就令人興奮，不過令人遺憾的是，取而代之的德川幕府卻實施鎖國政策。

活在瞬息萬變的現代，應變能力更顯重要。近代，網路的出現改變了世界。而網路本身的進步和發展神速，人類更是逐漸邁入人工智慧（ＡＩ）和機器人的時代。

我們幾乎可以預測，未來很多的職業將被機器人和人工智慧取代，並引爆失業潮。順應變化者將成為贏家，不適者則將成為迷途羔羊。

應變能力也是致勝的關鍵，因為勝負有一定的軌跡，當對手改變策略，我們也要隨之調整自己的戰略。

應變能力包含三個核心要素。

首先，重要的是「**學習速度快**」。在任何環境中，都能學習必要技能和知識的人，就能適應變化。就現代環境來看，網路知識、人工智慧、機器人相關知識都屬於這一類。

接下來是「**創意**」。時時刻刻都能湧現靈感，並實現想像。織田信長的三段式攻擊法即是最佳例子。

最後是「**管理能力**」，包括管理時間、資金、人力資源等。留意這三個要素，就知道採取什麼行動才能克服變化。

或許有人會認為，「用嘴巴大家都會說，但是想要身體力行，好像很花時間」。

為了解決這樣的煩惱，我要教大家「**傀儡鏡**」心理術。大家都知道，傀儡是人用手中的線去操控玩偶。

具體的實踐方法如下：

在競爭中，對方有一定的步調，當自己的節奏亂掉時，不要懷疑，請立刻模仿對方的一舉一動。

舉拳擊為例，就是模仿處於優勢狀態中的對手的反應。假設你現在頻頻遭對方近身攻擊。這種時候，一般人會盡量與對手保持距離，但是一旦這麼做，反而會變成跟著對手的步調走。

因此，你也應該立刻採取近身攻擊。如此一來，對手的節奏就會整個被打亂。

請想像一下。我們應該摸不到自己鏡中的臉。當我們伸手時，會先碰到鏡子裡的手。

在職場上也一樣，學習對方的作法，再加入一點點自己的思考，就能讓自己更精進。

想要適應變化，與其講究自我，不如先學習模仿別人優點。成果肯定令你感到驚豔。

POINT 想要強化應變能力，先從學習模仿別人的優點開始。

35

看穿輸贏的「逆勢操作思考術」

勇於讓自己與眾不同

「**逆勢交易**」原本是證券用語。但是賭場的荷官也會用這個字，來形容必須特別留意的賭客。回到證券交易市場，「股價跌的時候賣出，漲的時候買進」稱為「順勢交易」。相反的操作手法則稱為「逆勢交易」。

意思是，「股價跌的時候買進，漲的時候賣出」。

不懂股市的人，感覺這樣操作會虧損，但只要上市公司不倒閉，股價就還有回升的機會，而「逆勢操作」期待的就是股價回升。

其實，有些賭客賭博時，運用的是相同的邏輯。輸的時候追加籌碼，一口氣下注。贏錢的時候反而小心翼翼。**荷官最需要提高警覺的，就是這類型的賭客**。

因為在**賭桌上，冷靜是最重要的致勝關鍵**。關於這點，賭場再清楚不過了。賭場並不喜歡看到賭客展現冷靜的一面，所以他們會請贏錢的客人喝酒，或故意聚集一群觀眾。

但是，擁有逆勢思維的賭客，頭腦非常冷靜。一般人輸的時候會突然縮手，他們反而放手去賭。相反的，一般人贏錢後通常會變得豪氣、增加投注的籌碼，但他們卻變得更加謹慎。

遇到這種類型的賭客時，我有八〇%以上的機率都是輸的。

因為，**擁有「非典型思考」的人，「令人猜不透」**。

基本上，輸贏有一定的「運勢」。日本等亞洲國家對這個字應該不陌生，但是西方國家主要講的是機率。然而，「運勢」和「機率」其實指的是同一件事。

運勢好或壞，其實就是贏的機率高或低，或者好牌機率高還是壞牌機率高。

而了解機率和運勢流動方向的，就是逆勢操作的賭客。他們很清楚，什麼時候贏牌的運勢會回來，或者什麼時候運勢會由強轉弱。

其實，利用外匯交易賺錢的人，應該很清楚我在講什麼。

說到外幣投資，我們會直接聯想到很多人專注盯著匯率告示牌，但是真正賺得到錢的人，讀到的是告示牌後面人的心理狀態，並採取有別於一般大眾的操盤方式。

當散戶開始行動的時候，表示所有情報都已經公開在檯面上，因此只能小賺一波。相反的，如果能獲得尚未公開、掌握在一小部分人手中的情報，就能賺大錢。

以前，我曾經在期間限定的豪華郵輪做過荷官，當時有一位剛步入老年的男性旅客，經常到我的賭桌來。他有一段話令我印象深刻，至今仍然

記得一清二楚。

他說：「遇到船難，一定要先穿上救生衣，衝到甲板。千萬不要做跟大家一樣的動作。船內會播放廣播，告訴所有旅客待在房間。但是，危機時刻如果待在甲板上，一看到情況不對，還可以馬上跳入海中避難。但如果乖乖聽話躲在船艙內，下場可是會很慘的。你有聽進去嗎？發生船難時，要跑到甲板，知道嗎？」

這段話和輸贏沒有關係，想告訴大家的是，大眾的心理很容易就被控制，導致失敗結局的機率確實也相當高。看看海邊的意外事故，做出和大眾不同決定的人，生還率真的比較高。

就像這樣，不隨波逐流，瞄準不同的時機，以獨特的見解，掌握勝算。勇於和別人不一樣，才能成為真正的贏家。

POINT

跳脫常規，非典型思考讓你擁有無限可能。

36

「自我檢視」零失誤

古今勝敗，一誤而已

輸贏有一定的起承轉合和運勢。

運勢差表示贏的機率偏低，運勢佳表示贏的機率偏高。

有一次我在玩牌時，心血來潮觀察了同桌賭客贏牌的機率。我放下手邊的籌碼仔細算了一下，一小時裡四十三局遊戲中，十位玩家的勝率幾乎一樣。

當然，其中有幾位勝率高於其他人，不過就最後結果而言，所有人的勝率其實差不多。

這究竟是怎麼回事呢？基本上，競爭中只要沒有人為因素，就不會有輸贏。也就是，**輸贏是由參與競爭的人，靠「人」的力量來控制的**。

你可以丟一千次骰子看看。你會發現，一點到六點出現的機率幾乎差不多。

因此，感覺自己氣場不錯的時候，勝率也會跟著變高。但是受到前面賭局的影響，會導致結果不如預期，並且，害怕輸的恐懼也會阻礙自己靜下心來思考。

小島武夫是日本的職業麻將選手，外號是「麻將先生」。儘管已經八十一歲，他仍然是少見的高齡現役麻將選手。他在麻將界名聲響亮，絕對無人不知無人不曉。

關於「快贏了，到底是什麼感覺？」的問題，小島先生這麼回答。

「首先，人會突然覺得『機會來了』。這一點非常重要。當然，要抓到這種感覺很難。具體來講，就算第一局覺得氣勢很差，不過一**旦感覺**

『轉運』的時候，就要加快打牌的速度。不要瞻前顧後，勇敢的出手就對了，這就是贏牌的關鍵。」

照這麼看來，**勝率變高的時候，就是決定勝負的關鍵**。

我們應該忘掉前面輸掉的部分，專心於目前的戰局上。

要達到這個目的，必須採取**「自我檢視」**。

自我檢視指的是觀察自己。不要將注意力放在別人身上，而是仔細審視自己的一舉一動。

在競爭中，我們通常被要求必須預測對手下一步的走向，但是既然我們無法透視對手的腦袋，就無法百分之百準確預測他的思考。

當我們開始猜測對手的策略，就會逐漸陷入迎合他人的思維模式。然而，你又不是別人肚子裡的蛔蟲，因此永遠不可能知道別人在想什麼。

相較於揣測別人的心理，**我們應該做的是，檢視自己目前的行動是不是正確**。輸的時候不免變得情緒化，導致判斷錯誤。

因此，請專注於檢視自己的行動是否正確，是否做出最符合情勢的策略。在經驗日積月累下，必定能獲得最後的勝利。

同樣的方法也可以運用於體育方面。你下次打高爾夫球時，不妨試著自我檢視。不要管對方打得如何，只要專心揮桿。

從開球就意識著「這是屬於自己的比賽」。不要一心想要打贏對手，而是注意減少自己的失誤。

成功學會自我檢視，你也可以立於不敗之地。

POINT

轉運時，勇敢出手就對了。

37

「殺死恐懼」戰勝心魔

恐懼不是真的，都是你的想像

威爾．史密斯在主演的電影《地球過後》（After Earth）中，對兒子說了一句感人肺腑的話，他說：

「恐懼不是真的，都是你的幻想。危險是真實的，但恐懼是你的選擇」。

這台詞說得太對了，除了恐懼的心理之外，擔心、不安等都只是人類的幻想。憂慮、不安、恐懼等，幾乎都是「杞人憂天」，但每個人應該都有過這種經驗。

克服恐懼的唯一途徑只有一個，那就是**「進入令自己產生恐懼的事物中」**。

這在心理學上稱為**「殺死恐懼」**，也就是消滅恐懼。

接下來，我要說一個自己的經驗。

我有懼高症，光是從高樓往下看，都能讓我腿軟、動彈不得。但是有一天我為了克服懼高症，決定要挑戰高空彈跳。

站在聳立於三百三十八公尺高空中的澳門塔內，從高二百三十三公尺的塔頂外圍往下一跳，不但一點都不可怕，反而有一股刺激的快感。有了第一次經驗，我每到有高空彈跳設施的地方都非玩不可。我的懼高症當然也因此消失了。

如果你也總是處於恐懼、憂慮及不安中，請試著透過日常生活裡的機會，練習克服恐懼。

例如，如果你怕蛇，那就去寵物店買蛇回家飼養。藉由照顧蛇，或許能發現蛇可愛的一面。

克服恐懼唯一的方法，就是置身於恐懼中，讓自己習慣害怕的事物。

在競爭中也一定會產生恐懼心理。只要事先練習如何克服恐懼，至少就不會受到恐懼和憂慮的干擾，影響自己的表現。

POINT

置身於恐懼中，習慣它，挑戰它。

38

進入「突破點」能量無極限

專注力達到顛峰

在賭場擔任荷官的期間，我曾經目睹過奇蹟。

例如，僅用價值約十塊美金的籌碼，贏回三十萬美金，或者拿到一手爛牌也可以逆轉勝的賭客。正因為隨時都有翻盤的可能性，所以人才會如此沉迷於賭博吧。

有些人認為能夠翻盤，單純只是因為「走運」，不過就我長年的觀察，絕對不只是運氣問題。

像我前面提過的，也必須能夠掌握局勢，和擁有果決的判斷力。

我姑且將**帶來逆轉勝的力量，稱為「享受恐懼的力量」**。

我從高中就很喜歡拳擊，現在也會以業餘拳擊手的身分出賽。我曾經和WBA的前超沉量級拳王石田順裕，在表演賽中對戰過。我只是業餘選手，而對方是制霸全世界的職業拳擊手，實力當然天差地別。

他出拳的速度快到我看不清，完全顛覆了我過去的比賽經驗。他輕而易舉閃過我的攻擊，並以迅雷不及掩耳的速度猛烈朝我揮拳。但是第一回合結束後，我反而變得非常樂在其中。

我心裡深感「打拳真是一種享受」，因此從第二回合開始，就算挨打我還是一直進攻，一點都不累也完全不害怕。

表演賽結束後，我被石田先生稱讚：「我以為可以打輕一點，但是你每一拳都回擊得很重，讓我吃了不少苦頭。簡直可以打職業賽了。」然而打這麼起勁的我，後來因為頸部扭傷，整整吃了一個月的止痛藥。

其實，可以在比賽中上演大逆轉的人，他們的特質與我在場上的感受類似。

這種內心的變化稱為「**突破點**」。

馬拉松選手跑超過一定里程後，疲勞感會瞬間消失，身心狀態進入突破點。

人進入突破點後，身心限制都會被解除，彷彿變成超人一樣。

如果你也希望可以進入這種心理狀態，在競爭中獲得逆轉勝，就必須有意識的製造突破點。

例如，你必須在三天後完成工作，但工作量大到需要五天才能完成。通常人在這種狀況下，會感到驚慌失措，開始想要找替代方案或打電話跟合作對象道歉。

但如果還有時間焦慮，不如盡快動手工作。

這種時候，你應該立刻專注投入工作並且加快速度。同樣的狀況搬到競賽中，則必須增加果斷力和加快行動速度。

透過這些行動可以帶來什麼改變？

其實，腦內的腎上腺素會刺激我們的資訊處理能力，讓我們進入前所未有的專注狀態。

關鍵在於維持專注狀態，累了也要堅持下去。而且，不要放慢速度。這麼一來，我們就會在某個時機點進入突破點。

一旦進入突破點，所有恐懼都會消失，全神貫注於眼前的賽事中，氣勢如虹。在這種狀態下，絕對有機會上演逆轉勝。

POINT

維持專注狀態，變身效率超人。

39

無所適從時依賴「阿里阿德涅之線」

訂出自己的準則

下棋的人，經常會煩惱到底要動哪一顆棋，而舉棋不定。為了取得領先，在腦海中自問自答，最後想得太煩了就「隨便」動一顆棋，因而落入對方的陷阱，輸掉棋賽。

人一定會產生「迷惘」，但迷惘是最沒意義的事。

乍看之下，經過深思熟慮才會產生迷惘。但這完全是錯誤的認知，正因為沒有正確仔細分析事實，才會出現相同條件的結果，導致自己猶豫不決。

例如，這裡有兩個錢包，分別裝著三百塊零錢和二百塊零錢，假設被問到要選哪一個，大多數人絕對會毫不猶豫的選擇金額較高的錢包。錢多的當然比較吸引人。

但是如果兩個錢包都裝著三百塊呢？一樣的金額，讓人失去了選擇的標準，因此就會開始躊躇不定。

也就是說，**「迷惘」源自於做人處事沒有一套自己的標準**。

在比賽中，如果也沒有判斷標準，那麼必輸無疑。

在輪盤賭博中，押對地方可以讓賭金翻倍。玩的方法很簡單，只要賭紅黑即可。押對賭金翻倍，押錯賭金全輸。如果你曾經玩過輪盤，一定知道這是對初學者非常有吸引力的遊戲。

輪盤的遊戲方法很簡單，而輸家的特色則是，**每一次的開盤結果，都影響他們的賭博節奏**。

例如，本來一直押紅色號碼，輸到受不了就換成黑色，結果下一盤卻

開出紅色。賭場將這種現象稱為「人間煉獄」。

在競賽中遇到瓶頸時，不妨冷靜下來，甚至暫時離開現場，重新思考「比賽的目的是什麼」。

暫停腳步，重新思考的心理術，稱為「阿里阿德涅之線」。

阿里阿德涅是希臘神話中的女神。有關她的神話故事是這樣的，在克里特島上，有一隻名為彌諾陶洛斯的牛頭人身怪物，被囚禁於迷宮中，而雅典的賽修斯王子與父親約定要除掉這隻怪物。

為了讓賽修斯可以平安歸來，阿里阿德涅給了他一團線，讓他可以標記走過的路。賽修斯藉此成功殺死怪物並順利走出迷宮。

「這場比賽、這門交易的目的是什麼？」

「我的目標在哪裡？」

「為了什麼而努力？」

找出這些問題的答案，抓住你的「阿里阿德涅之線」。

我的阿里阿德涅之線，是國中時期在舊約聖經中讀到的一句箴言。在職場上，我總是將這句箴言當作自己的行為準則。

「敬畏耶和華是知識的開端，愚妄人藐視智慧和訓誨。」（箴言一章七節）

做生意一定會有金錢誘惑，例如，某個條件可能會為自己帶來更多利益等。如果是正當的利益，那我們便應該積極展開行動。

但如果是對他人產生不利的行為，即違反了與神之間的約定，我們就必須有所節制。

也就是說，我的原則是害人的生意絕對不碰。面對任何競爭，處理所有工作及人際關係，只要牢牢記住這條箴言，就永遠不會感到迷惘。

POINT 訂定一套自己的標準，抉擇沒有迷惑。

40

「蕃茄鐘工作法」讓專注力續航

用「工作×休息」交替法提升效率

通常，在拉鋸戰中，專注力越持久的人越有勝算。但是在賭場等非自行控制時間的場合中，想要保持專注力，其實非常強人所難。

以前我在撲克牌的賭局中，擔任荷官與賭客對戰時，經常看到有些職業玩家會定期離席，然後在特定時間回到賭桌，在特定時間開始玩牌。

我好奇的計算了他們的整個流程，驚訝的發現他們的行為有一定的規律。我後來才知道，原來這叫做**「蕃茄鐘工作法」**（Pomodoro Technique）。

蕃茄鐘工作法是由身兼研發者、創業家及作家的法蘭西斯科．西里洛（Francesco Cirillo）所發明的時間管理方法。

「蕃茄鐘工作法」的命名，源自法蘭西斯科學生時代愛用的蕃茄計時器。

這是個簡單易行的方法。

假設現在有一個重要工作要進行，請以短時間分割任務，只專注在目前的工作上，並利用短時間專心休息。

透過這個方法，可以在短時間內提升腦部專注力，強化注意力和專注力。

其中最有效的模式是「二十五分鐘×五分鐘法則」。

也就是，「**工作二十五分鐘，休息五分鐘**」。

專心投入工作後，獲得充分休息再繼續工作。專心和休息的時間分配各為二十五分鐘和五分鐘。

在二十五分鐘內，只專注於眼前進行的工作，絕對不要分心做其他事情。並且，利用五分鐘，閉上眼睛專心休息。當然也可以做伸展操舒緩身心，總之，任何讓自己能夠獲得充分休息的方法都可以。重點在停止一切手邊的工作。

以田徑比賽來比喻，就是「不斷來回短跑衝刺」，而不是「以一定速度進行長跑」。實際上，研究報告也證實採用蕃茄鐘工作法的人，具有高生產力並且專注力較持久。

無法保持專注的人，請試著專心二十五分鐘，再休息五分鐘。也可以利用計時器做輔助。

POINT

短時間壓力，讓你瞬間進入衝刺狀態。

41

「神意志」從容應付任何場合

完全掌握自己的心理

為什麼大部分的人進到賭場，都是輸的走出來？

當然，基本上賭場的營運模式，是為了讓賭客輸錢而設計的。但是，其中也不乏從賭場贏得賭金的人。這些所謂的職業賭徒和賭客，到底有什麼能耐？

除了技術、膽量及預測賭盤的能力之外，他們**最重視的就是「耐心」**。換句話說，即為忍功。

你可能會以為贏家就是天生運氣比別人強，百戰百勝的人則是受到老天爺「特別眷顧的人」。

不過就我長年在賭場的經驗看來，我可以非常篤定的說，漫畫裡「百戰百勝」的好手，絕不可能出現在真實世界的賭場中。有「耐心」的人，才是真實存在的人。

你知道最近澳門賭場出現一位引起諸多謠言的神祕女賭客嗎？據傳這位女賭客來自上海，最喜歡玩百家樂，她在賭場贏得了二千三百萬美元。

後來這名賭客消失得無影無蹤，因此有人揣測這是賭場為了吸引賭客所進行的宣傳手法。但是其實我在澳門葡京賭場，曾經親眼見到這名女賭客。

看到如此巨額的賭金，你可能以為她是下注毫不手軟的賭客，實際上她的賭法非常謹慎，必定先確認局勢才會出手。

而且，她還有一個很有趣的動作，她瞄著賭桌決定要不要下注後，會

突然開始滑手機。

我好奇的走過她身後，看看她到底拿著手機在看什麼，結果發現她竟然在玩手機遊戲「Candy Crush」。

千萬不要以為「我在開玩笑」。其實很多天才玩家都有類似的動作。這是很高招的心理控制方法，稱為**「神意志」**。

意思是，「把一切交給神」。

人不可能在競爭中掌控

一切，我們能做的其實只有選擇跟決定。

有些人會在賭場上碎念「有了，有了，好牌來了」，如果是為了炒熱現場氣氛也就罷了，不過對於職業玩家而言，這種沒意義的行為，只會擾亂注意力和消耗精神。

選擇、出牌，等待結果，賭博就是這樣。輸了繼續賭，反覆進行單調的動作。

然而，人畢竟是有情緒的，因此**必須做到選擇、出牌、「做其他事」，避免結果導致自己過度情緒化**。

其實很多職業玩家都會採取這樣的行為。他們看著自己手上的牌、下注，然後繼續做「其他事」，等下一次輪到自己出牌。一開始聽到這件事時，我覺得很不可思議。

因為，撲克牌遊戲是玩家之間的零和遊戲，不是你死就是我亡，所以在比賽中必須仔細觀察、預測對手的牌，並分析對方的賭法。但是職業玩家的態度卻截然不同。

不過，除非是高手中的高手，否則很少看到有人運用這個方法。

另外，我自己打牌時，也會運用「神意志」心理術。感覺好像把運氣交給神，就能完全掌握自己的心理。只不過我玩的是手機遊戲「龍族拼圖」（Puzzle & Dragons）。

POINT

偶爾抽離情境，可避免過度情緒化。

42

運用「黑馬理論」成為終極贏家

丟掉勝率概念，追求如何「獲利」

很多人在比賽中，會奮力告訴自己「絕對要贏」。如果是一對一的競賽，除非實力相差太大，否則只要沒有太大疏失，應該都不會輸。

但是包括賭場在內，日本經營賽馬、競輪賽、競艇等競技賭博的公司，絕對不會虧損，這是眾所皆知的事實。營運公司的收益來自賭客的賭金，再依照賠率將賭金分配給賭客。

「要做賭徒，當莊家就對了」。

每當有人問我怎麼在賭場贏錢，我都這麼回答。

然而，真實的賭場可沒這麼容易。接下來，我將為大家說明可以在賭場贏錢的方法。

在任何賭博遊戲中，賠率低的一定人氣最高，賠率高的則較沒什麼人下注。但是不受歡迎的下注對象，卻不一定「不會贏」。

例如，賽馬賭博中有一種稱為「萬馬券」（賠率一百倍以上）的馬券，贏的機率很低。但是我希望讓大家知道，持續購買萬馬券，其實有很大的機會賺錢。

無法百戰百勝，但是就整體平均而言是獲利的。這就是致勝的**「黑馬理論」**。

這種思維模式可以運用在所有競賽中。舉體育競賽來看，有些隊伍在練習賽中一直吃敗仗，到了正式比賽卻以極大分數差距狂勝對手。

這是因為他們在練習賽中隱藏實力，讓對方輕敵，等到正式上場後才火力全開。

賭客是賭場的搖錢樹，賭場提供賭博遊戲，賭客則付費賭博。日本人常說勝率，但是請丟掉勝率的概念，告訴自己一旦進到賭場，賭客就不可能贏著走出來。如果有勝算，那麼就想辦法怎麼「獲利」。而「黑馬理論」則是讓獲利變可能的方法。

POINT

人生沒有「百戰百勝」，但可以追求「平均得勝」。

43

越「放鬆」越有力量

與其「求勝」不如專注「不敗」

鬼武公洋先生是我相當尊敬的企業家，他白手起家，創立了位於日本大分縣日田市的 OTOGINO 公司。他至國外出差時，曾經有口譯人員對他說：

「鬼武先生，請問您是武術家嗎？之所以這麼問，是因為您整體散發出來的氣息，和我以前跟過的知名武術家很像……」

一聽到這個故事，還真的覺得鬼武先生「鬆柔兼備」的氣質很像武術家。

我們總是告訴自己「要贏」，但是其實這樣的想法會產生緊張感。**比「獲勝」更重要的是，專注於「不敗」**。

而不敗的意思，就是「避免失誤」。

在競爭中，輸家通常是「失誤較多」的一方。

在賭局中出錯牌、體育競技中失誤、商場上判斷錯誤，一連串的失誤累積造成失敗。只要專注於不要輸並避免失誤，對方的失誤就是自己獲勝的機會。

有效落實這個方法的關鍵，即為「放鬆的心態」。

舉高爾夫來講，用力絕對無法把球打好。放鬆打，球才會飛得又遠又直。任何運動都可以運用相同道理。但是在其他領域中，我們很容易忘記要保持放鬆的心態。

其實無論是公事、私生活或競賽，放鬆都扮演著重要角色。我自己開始落實放鬆理論後，事業也蒸蒸日上。

你或許覺得必勝心態才是勝負關鍵，但是專注於不敗，確實才是「致勝方法」。

我聽了鬼武先生的故事後，也親自實踐這個方法，並有感於它的功效。因此請各位務必意識到放鬆感的重要。

POINT
專注於「不敗」，對方的失誤就是自己獲勝的機會。

第 5 章

惡運退散！開運除厄的終極心理術

突如其來的好運。
這樣好嗎!?
LUCKY!!
DOME
TICKET
因為我臨時不能去了。
惡運退散。
CRASH!
為別人的成功感到開心。
談成新合約
恭喜!!

不要走！
吸取別人的好運。
哇
彩券
找不到！
慌…
糟糕…
不見了
慌…
HAPPY!!
連好運都自己找上門。

44

以「預付法則」招來好運

喜播善種

大家應該都有聽過吸引力法則。簡單來講，就是心想事成，也可以解釋為「為自己招來好運」。書店裡應該有不少這一類的書籍，相信大家多少都有看過。

然而，真的可以抓住無形的「好運」嗎？

答案是「可以」。

但是我們必須先認識「好運」的真面貌。

由於吸引力法則是一種精神現象，因此我想從「心理學的角度」，以

「理論」的方式去介紹「運氣」。

有的人彷彿人生勝利組，做任何事都成功。一定有人想過「為什麼神總是眷顧他」。

其實，好運連連的人，都在做的事就是**「預付」**。

預付的意思是，預先支付，與其計較收穫，不如先付出。

他們肯無條件的協助有困難的人、對需要幫忙的人伸出援手，這些善行都是把愛傳出去的「預付」行為。從資本主義的觀點思考的人，或許會認為「為什麼這樣就可以帶來好運？不就是濫好人嗎？」但這是因為他們沒體會過預付的力量。

演出《極道之妻》的知名演員岩下志麻，出道的時間非常早。被稱為大牌演員也當之無愧的她，一直以來都以親切的態度對待幕後工作人員，有禮貌的向年輕導演打招呼，成名後也從來不耍大牌。

據說這位受到岩下志麻照顧的年輕導演，就是後來起用她演出《極道之妻》的知名導演五社英雄。

如果當時岩下志麻態度蠻橫無理、對人頤指氣使的話，我相信《極道之妻》這部不朽名作絕對無法問世。

我們以為好運來得莫名其妙，但是其實尊重、善待、協助、體貼他人，都會為自己累積運氣。

這並不是超自然的精神論，而是有確切的數字作為根據。

你知道每個人身邊的朋友、家人、親戚，加起來總共有多少人嗎？

根據美國伯格傳播（Berg Communications）公司的統計資料：

每個人的勢力範圍約有二百五十人。這就是我們**人際關係的平均人數**。

也就是說，你的同事、朋友都握有二百五十人的人脈。臉書好友名單中，約有二百五十人是現實生活中會碰面的朋友，這個數據就是最好的證據。

你對一個人展現的善意，將傳達給人脈中的二百五十人，並且繼續延伸至其他二百五十人身上。

一旦有工作上的合作機會，或許其中一人就會想到「你曾經幫助過〇〇〇，先聯絡你看看」，於是機會就這樣找上門。

「自己播種，自己收割」，好、壞種子，都將由自己承擔。而播下好的心念種子，運氣自然跟著來。

想要運用「預付法則」招來好運的人，請善待身邊的「所有人」。聖經上寫著「要愛你的鄰舍如同自己」，這不但是吸引好運的鐵則，同時也可說是一種心理術。

POINT 平時善待身邊所有人，為自己累積運氣。

45

不斷走「新手好運」的技巧

不被經驗侷限

沉迷於柏青哥的人，有一個共通點。

他們著迷的都是**人生第一次玩柏青哥時的「贏錢」感覺**。

靠**新手好運**，第一次嚐到大贏的滋味。

有人說根本沒有新手的好運，這種說法有對也有錯。因為的確有很多人第一次上彈珠台就贏大錢。

首先，我要解釋新手的好運從哪裡來。

第一，新手不會被經驗侷限。

不會煩惱「這樣不對」、「也不能那樣做」。由於不會害怕自己做錯，因此可以發揮創意思考，「不必考量」風險，大膽放手去做。

第二，經驗者有非贏不可的壓力，但是新手完全沒有壓力。

他們完全不在意結果，因此也不會感到不安。

熟能生巧，反而可能陷自己於不利。為了永保新手好運，必須保持初衷。那麼，怎麼做才能重現並保有新手好運？

首先，**想一想自己過去是怎麼處理所有狀況，作法與現在有什麼差異**。

接著，感覺到壓力時，請相信自己的直覺。

相反的，發覺自己行動魯莽，沒經過深思熟慮時，請停下目前的工作，思考其他作法。

最後，請找回赤子之心。面對眼前的問題，想想看如果是沒有知識和經驗的新手，會怎麼看待問題。讓自己保持在新手的心理狀態，初學者或新手好運就會降臨。

「莫忘初衷」這句話真是說得太好了。

POINT

被經驗束縛反而容易綁手綁腳，不妨相信你的直覺。

46

「接觸魔鬼」消除惡運

以「主動迎擊」增強運勢

每個人的一生都會經歷許多事。不必覺得自己的人生慘淡，也不必羨慕別人，因為其實大家的處境和遭遇都差不多，很多人也都是一路跌跌撞撞走了過來。

不要以為辛苦的只有自己，所有人都有自己的辛酸血淚史。很多人認為，波折不斷是因為「運氣差」、「走運的話，就可以解脫」，但是回顧自己的過去，其實這些歷練都轉換為養分，成就了現在的自己。

前面講到的，都是「如何正視不幸」。保持樂觀想法當然很重要，不過人總是會有情緒化的時候。

閱讀到這一章節的讀者，應該都已經了解，在競爭中所有人成為贏家的機率和機會都是均等的。

其實，這個法則也適用在人生中。

我所敬重的美輪明宏前輩，曾經說過「人生的運轉，符合正負法則。我們將好事、壞事體驗過一輪，有輸有贏，最後發現自己的人生是一場和局。」

我百分之百認同他說的這句話，而且，這句話完全貼切的說中我的人生。不過或許也有人不贊同這個道理。

來找我諮詢的人當中，有些人希望我「告訴他們增強運勢的方法」，也有人拜託我「將他們從宛如惡夢的現狀中救出來」。

人生有一定的起承轉合，好壞摻合才是自然法則，但是人們渴望自己一帆風順。

這就像是祈求自己一輩子都不感冒，百病不侵。

打造不生病的身體，是癡人說夢。生老病死是自然法則，人生的上下起伏也是如此。

那麼，你會問，沒有去除惡運的方法嗎？答案其實是「有的」。但是必須靠勇氣才能達到目的。

這個方法稱為**「接觸魔鬼」**。

新約聖經雅各書第四章第七節中寫到：「務要抵擋魔鬼，魔鬼就必離開你們逃跑了。」

惡魔是聖書中的概念，如果將魔鬼替換成「惡運」，應該更容易理解，「務要抵擋惡運，惡運就必離開你們逃跑了」。

惡運顯現，通常會呈現一種無法控制自己的狀態。並且，人總是會想逃離惡運。但是這樣的思維，會導致惡運糾纏不去。

因為**惡運的發生有其因果，儘早對結果負責，是消除惡運的唯一方**

法。

以前，曾經有人來找我諮詢負債問題。這種狀況下多數人會申請破產或舉家遷移來躲債。他也不例外，總是有人打電話或找上門討債，過著躲躲藏藏的日子。

我告訴他，避不見面只會讓事態更嚴重，好運不會降臨在自己身上，因此建議他「請在律師的陪同下，主動前往債主的辦公室，好好討論怎麼還清負債」。

拿出勇氣面對的他，後來打電話告訴我：「我應該早點跟對方進行協議的。他們幫我訂定合理的償還計畫，我這個月已經還清債務了。」

還有一位婦人，丈夫驟逝，悲痛欲絕，整天足不出戶，因此我建議她可以到與丈夫共同去過的地方散散心。

過了不久，她告訴我：「我去了與丈夫擁有共同回憶的地方，剛開始非常傷心，但是後來彷彿感覺到他告訴我要堅強的活下去，情緒就平靜許多了。」

如果這位婦人一直把自己關在家裡，她的哀傷一定會永無止境。

首先，**請拿出勇氣面對惡運、衰運、悲傷**。

無論多麼害怕，都要挺身對抗惡魔，這麼一來，惡魔反而會覺得「這傢伙好像不怕我？」因此離你而去。這就是所謂的「接觸魔鬼」。

POINT

抱持開放心態，積極面對惡運，必將時來運轉。

47

「結合五感」發揮強運本色

直覺的力量

賭場有兩種客人。

一種是**用頭腦思考、分析並導出結論；另一種是以直覺致勝**。

這兩種方法沒有對錯，也不必區分優劣。不過就我個人的經驗而言，能掌握運氣，也就是**能確實掌握勝負流程的，都是講求「直覺」的人**。

大家都有這樣的經驗，一開始明明覺得「這個」才對，卻因為想東想西，選了另一個選擇，最後發現腦海中出現的第一個想法才是對的。

全球知名的武術家李小龍說過，「不要思考，去感受」（Don't think,

feel.）。

究竟「感受」是什麼意思？

人類有五感，包括嗅覺、味覺、聽覺、觸覺及視覺。通常我們會分開使用五感，然而，**直覺是融合五感後所產生的力量**。即所謂**「結合五感」**的思維模式。

直覺不存在於意識，而是存在於潛意識中。直覺包含過去累積的分析、判斷及經驗。更令人驚訝的是，直覺還包含了祖先的ＤＮＡ遺傳資訊。面對未曾經歷過的事件，我們之所以能夠以直覺得到答案，正是因為體內保留著祖先的基因。

對於眼前初次見到的景色，感覺似曾相識？

對於第一次聽到的音樂，有種熟悉感？

這些感覺並非來自精神或心靈世界，而是人類代代遺傳的ＤＮＡ所產生的直覺思維。

直覺可以引領我們找到答案，我們卻加入太多複雜的資訊，干擾自己的思緒，導致陷入迷惘，無法找到解答。

因此**平常就必須訓練「感受力」**。

不要過度思慮，去感受生活中的人事物，並依直覺判斷。生活忙碌的現代人，最需要的或許正是「結合五感」的能力。

POINT **直覺的心靈是神聖的天賦，相信並活用它！**

48

「有備而來」運氣自然來

胸有成竹，十拿九穩

輸贏的世界裡，沒有「確實」兩個字。只有詐欺犯和非常愚蠢無知的人，才會使用「確實」、「絕對」、「一定」等字眼。但是在輸贏中的確有可能接近絕對。

讓好運降臨的方法，就是「刻意」使運氣視覺化，並主動接近好運。

所謂刻意指的是「計畫」這項技巧。

你或許會仔細規畫工作和生活，不過一般人並不會針對「運氣」訂定計畫。因為「運氣」不是可以握在手中或看得見的具體事物。

然而，只要經過有意的計畫，我們是可以抓住「運氣」的。這是在蒙地卡羅賭場的時候，一位富豪教我的心理術。

「你知道嗎？**運氣是一個最終目標。為了達成目標，必須在途中規畫好所有細節**。這麼一來，就能萬無一失的招來好運。」

只要看過他在賭桌上的表現，就能明白他說的話。他玩輪盤的時候，會全神貫注的獲得第一勝，接著瞄準二連霸、再來是三連霸。

每一次獲勝累積起來的成果，讓他總共抱回超過六千萬日圓的彩金。

而且，更令人驚訝的是，他竟然也實現了一開始設定的二十連勝。

當然，過程中有輸有贏，但是只要輸了，他就從最小的目標「一勝」重新開始累積勝利。

二十連勝是相當不容易的事蹟。甚至可能讓賭場懷疑賭客是不是「出老千」。

也就是，除了運氣加持之外，沒有其他條件加乘，是無法達成這個豐功偉業的。但是他卻挑戰成功了。一點一滴累積好運，實現史無前例的二十連勝。

「怎麼可能？」

如果你有這種想法，那麼你應該從來都沒體驗過好運連連的滋味吧？這裡有個值得一試的實驗。請準備好紙張、筆及一枚硬幣，以前述累積小勝利的方法，認真的丟銅板，每丟一次就猜到底哪一面會朝上，看看自己能連續猜中幾次。

我自己做這個實驗的時候，最多連續猜中十二次。如果你也跟著挑戰看看，一定會對結果感到不可思議。

實驗時，**最重要的就是不要一直想著連勝**。

執著於連勝的時候，就會不斷猜錯。只要穩穩守住每一次的勝利，好運自然而然就會降臨。

但是，不能以第六感來判斷答案。在實驗中，如果依直覺來猜，可以

用以下公式，導出連續猜中十次的機率。正反兩面朝上的機率各為二分之一，丟擲十次，則二分之一的十次方是一千零二十四分之一，這就是連續猜對十次正反面的機率。

意思是，丟擲一千零二十四次硬幣，才可能連續猜中十次。

在實驗中，要猜對正反面，必須綜合考量硬幣的旋轉率、傾斜方向及自己的直覺等因素。

光靠直覺，好運不會站在自己這一邊。只有努力不懈、累積知識經驗，做好萬全準備的人，才會受到勝利女神的眷顧。

POINT

凡事先有成竹在胸，自然投無不利。

49

有「體諒之心」，勝利女神也微笑

心寬一尺，路寬一丈

讓我來說一則有趣的故事。

前高爾夫球王老虎伍茲，第一次在全美比賽中奪冠時，被記者問了一個有點令人不快的問題。

記者問：「輪到對手最後一次推桿時，你心裡在想什麼？」

想必記者希望老虎伍茲會回答「希望不要進洞」。但是他的回答震驚全場。

他說：「我真心希望對手能推桿進洞。」

在競爭中，對方輸代表自己贏，因此我們一定會希望對方是輸家。但是老虎伍茲卻說了相反的話。

「請」的禮貌技巧，意思就是「您先請」。

其實，在競爭中也必須向對手展現體諒之心。

通常我們會認為「這不就是把勝利拱手讓人嗎」，然而體諒才是致勝的關鍵。為什麼？乍看之下，這個技巧看起來是在禮讓對手，其實當中蘊藏著深奧的意涵。

展現「請加油獲勝」、「請務必成功」、「請一定要幸福」等恭謙有禮的態度，我們才能放寬心，自在的面對所有處境。

因為當我們放寬心的時候，等於為自己打造了一座不敗的防護罩。寬心的態度，讓我們得以看透對手，掌握整體局勢，了解自己目前的狀況，思考對策並獲得勝利。

講話緊張、生硬的人，和說話輕鬆自在的人，哪個人說話你比較能聽得下去？不用猜，當然是後者。有工作想拜託別人幫忙時，你又會向誰開口？

藉由以上提問，你應該可以懂得放寬心胸，能帶來無限的機會和好運。但是請務必記住，寬心並不是輕敵、瞧不起對手，而是指體諒對手的心情。

POINT 放寬心，才能俯瞰全局，看得更清楚。

50

「三秒法則」抓穩好運

用直覺決勝負

據說，食物掉到地上後，只要在三秒內撿起，就不會受到細菌汙染，可以安全食用。雖然不確定真假，但是世界上存在著「三秒法則」。賭場的賭客為了抓住好運，也運用著類似的**「三秒法則」**。

澳門的威尼斯人度假村酒店，在拉斯維加斯的知名度也相當高，以前我在那裡玩牌時，坐在隔壁的洋人中年婦女，跟我說了一則有趣的故事。

她說：「有時候會覺得自己拿著一手好牌，穩贏。但是後來會慢慢懷疑真的可以贏嗎？據我長年的經驗和統計，發現相信最初的穩贏直覺就對了。**賭桌上的勝負關鍵，在於玩牌的人相不相信這三秒最初的直覺。**」

其實，我也曾經親自實驗過，最初覺得「會贏」的牌，獲勝的機率真的非常高。雖然也有輸牌的時候，不過大多是因為玩牌過程中，突然變得膽怯、開始用頭腦理性分析，導致自己失去原有的勝算。

當然，有時候輸並不是因為上述因素。然而，如果能意識到三秒法則，贏的機率有六成，輸的機率是四成，這就表示，贏的機率高於輸的機率二成。

運氣絕對不是形而上的神靈思維，而是可以靠自己雙手掌握。即使每個人勝算一樣，**相信最初直覺「穩贏」的人，才能成為最後的贏家。**

你在玩抽鬼牌的時候，不妨試試這個三秒法則。通常抽到鬼牌的人會假裝鎮定的洗牌。但如果感覺自己會「贏」，請不要任意移動鬼牌的位置。我就這樣玩了一百次，經過統計後，四次以內有八七%的機率，鬼牌會被會抽走。一旦感覺「氣勢不錯」、「感覺不賴」、「好像會贏」、

「手氣很好」的時候，**無論過程中發生任何狀況，也要堅持相信第一次的直覺，絕對不要動搖。**

POINT 第六感可以帶來快速且準確的決策。

51

超級富豪的「數據斷捨離」

能簡單就不要複雜

「世界其實很簡單，不像大家想的那麼複雜，真正複雜的是人類。運氣也是一樣。**簡單思考，就能讓好運降臨，想得太複雜，就會與運氣失之交臂。**」

告訴我這個道理的，是香港數一數二的超級大富豪。他萬貫家財的程度，不是一般日本有錢人家比得上的，傳聞他曾經計畫買下六本木之丘。這麼一說，你就更容易想像得到他有多富有。

然而，或許就像這位富豪所說的，我們經常把事情想得太複雜。由於資訊過多，讓我們難以分辨真假對錯。

「越是以資訊武裝自己，運氣就會越來越走下坡。人生的法則很簡單，就是快樂或不快樂而已。」

我認為這句話濃縮了人生的各種智慧。我們總是想得太難、太複雜。複雜的思緒，不但無法幫助我們拓展眼界，反而更窄化了生活視野。

從前面讀到這裡的你，一定可以了解，一旦視野變窄，好運自然不會來。

我因為做生意的關係，所以需要經常撰寫計畫書和進度表。寫計畫書的時候，不是想得很複雜，就是過度受到主觀情感影響，被困在雜亂的思緒中，導致常常寫不出來。

於是，有一天我向大富豪請教如何編寫計畫書和進度表。我以為富豪會告訴我很驚人的訣竅，想不到他的方法竟然這麼簡單平凡。

寫下目標。寫下三個達成目標的必要手段和計畫（不是至少三個，是

三個就好）。**將這三個方法排入進度表，並依序貫徹執行**。

就這麼簡單而已。

舉例來講，假設有兩個計畫，就專心貫徹兩個計畫、有三個就致力於完成這三個。「通常，我們喜歡想像前景和達成目標的美好感覺，但這些都是幻影。如果沒有實現目標，就不可能收割這些大好光景，因此不要做無謂多餘的事，只要每天專注於按進度執行計畫，就能一步一步邁向成功。」富豪所說的這些話，儼然就是**清除資訊的「數據斷捨離」**。

以我自己為例來講，我是業餘的拳擊手，由於訓練種類和項目眾多，有時候要想很久才能決定從哪種開始做起。因此，每每遇到這種狀況，我都會開始思考自己打拳擊的目的。

我個人的目標是拿下日本業餘重量級的冠軍，因此最能幫助我實現目標的關鍵，就是速度和耐力。我在高中時期已經學過各種技術，所以我認為不必再學習新的技巧。

因此，我開始思考怎麼樣才能鍛鍊速度和耐力。查過資料後，我發現在手肘和腳踝綁上鉛錘，並戴上高山專用口罩，可以鍛鍊速度和耐力。所以我決定在每天的訓練中，以鉛錘增加重量並戴上口罩。以前我會迫不及待的想加入新的訓練項目，不過現在我不再這麼做了。

我維持原本的訓練項目，雖然練習量沒有增加，但是不僅速度有所提升、也強化了耐力。就我的狀況而言，需要的只有鉛錘和高山專用口罩。需要得越少，就越有優勢。

丟掉多餘的東西。避免不必要的知識阻擾自己。勇往直前，就能達成目標。

我們很容易就忘記這個淺顯易懂的道理。

這個方法讓我得到豐富的收穫。別人經常誇我「實力堅強」，然而我不過是實實在在的遵從大富豪教我的道理。不是每個人都像富豪一樣強運，因此穩扎穩打才是成功的不二法門。

POINT

簡化思考，才能精準抓住事物本質。

52

「死神鐮刀」掌控輸贏一瞬間

「勝利在望」時最容易出狀況

在六十分鐘制的美式足球比賽中，經常出現一個非常值得省思的情節。兩隊在前面五十八分鐘，都會按照策略進攻和防守。通常裁判會示意比賽剩下「最後兩分鐘」。而這最後的兩分鐘裡，出現過好幾次美式足球史上令人感動的逆轉勝。

落後的隊伍，會在這個時候驚覺，再不振作就會輸掉比賽，因而突然火力全開。暫時領先的隊伍，則會誓死保衛自己的勝利，只要有一點閃失，就會與勝利失之交臂。

一九七四年，菲利普．珀蒂（Philippe Petit）成功地在高空走鋼索，橫越紐約世界貿易中心。他的壯舉被譽為「史上最偉大的犯罪藝術」。菲利浦過去走鋼絲的經歷，與他和女友以及朋友的冒險歷程，被拍成傳記電影《走鋼索的人》（The Walk）。

在電影中，他說：「走鋼索最危險的不是剛開始，也不是中間，而是最後的一、兩步。在即將抵達對岸之際，只要稍微一不留神，就會前功盡棄。」

其實，得到好運並沒有那麼難。很多人都有幸運女神的眷顧。每個人的運氣都是一樣的，一整年中約有半年處於好運的狀態。

那麼，為什麼我們經常覺得運氣很背？

這正是因為**「最後的疏忽」**所致。我們逐漸忘記自己的好運，在最後的關鍵時刻，失去利用好運的機會，並且哀嘆自己「果然運氣很衰」。

在心理術中將此稱之為**「死神鐮刀」**。

無論是職場上或任何場合中，只要是競爭，最後一定會出現令人大意的瞬間。疏忽的瞬間，就是死神虎視眈眈、磨刀霍霍向著你的時候。

我在賭場上看過太多賭客，在最後一刻被死神拖往地獄的景象。

很多書籍教人怎麼轉運，卻很少告訴讀者，得到好運後應該怎麼辦。每個人的運氣都是相同的，用自己的雙手抓住幸運並不難。

將運氣轉變為貨真價實的「好運」，就要留意虎視眈眈的死神。

最後，我來說一個自己因為疏忽而敗在死神手裡的故事。

有一次我在賭場玩二十一點的時候，為了贏錢所以開始算牌（記住已經出過的牌，分析對自己是否有利，並增減賭注的技巧）。那一天我睡眠充足，身體狀況極佳，腦袋也很清醒，處於算牌的最佳狀態。

算牌進行的相當順利，我面前的籌碼越疊越高，三百美元的籌碼，四個小時後增加到二萬四千美元。旁邊聚集了越來越多的觀眾，導致我這一桌太引人注目，因此我決定到此為止。只要將籌碼換成現金，馬上就有大

筆錢入袋。

但是我在走向籌碼兌換處的途中，經過高賠率的輪盤遊戲，往告示牌一看，差距真的相當大。我心想「或許可以讓手上這筆錢瞬間倍增……賠率這麼高，手氣也正旺」。後果如何，我想你們都猜得到，我把花在二十一點的時間和彩金，全部付之一炬。

從此之後，我記取這次的教訓，總是警惕自己，千萬不要在最後的關鍵時刻大意失荊州。

POINT

縱使勢在必得，也要堅持到最後關頭，絕不鬆懈。

53

「展現氣勢」先聲奪人

自帶強大氣場

你是否有過這種經驗？站在自己面前的對手，外表不像凶神惡煞，但就是有一種來勢洶洶的壓迫感，不禁令人覺得對方好像很厲害。

你之所以會產生這種感覺，**是因為你在潛意識裡認為，對方比自己「強」，而「自己已經輸了」**。

其實除了人類以外，其他動物也會在潛意識中，認為體型較高大的對手力量勝過自己。

這樣的思維，也常見於語言表達中。例如，「高度評價」、「登高望遠」、「地位高」等，高處象徵著力量。而「居下位」、「跌落谷底」、「身分低下」等，低處意味著弱勢，代表力量不如自己的一方。

在撲克牌遊戲中，最能讓現場觀眾熱血沸騰的就是梭哈（手上籌碼全下）。這是一種不是全輸就是全贏的刺激賭法。

在這種賭法中，有九成的賭客幾乎會從椅子上站起來，想要大贏一把。沒錯，**希望增強氣勢並獲得力量的時候，我們會很自然的提高自己的位置**。

相反的，通常男性會單膝下跪向女性求婚，抬頭看著女方，發誓自己會一輩子珍惜她。在求婚的場合中，為了向女方展現順從而非力量，我們會降低自己的位置。

到賭場觀察一下，就更可以明白這個道理。在賭桌上，幾乎所有的荷官都是站著。這是為了讓賭客在潛意識中產生荷官較強的感覺。而由於撲克牌是賭客之間的零和遊戲，因此荷官會坐著發牌。賭場正是運用身體的高低位置，讓賭客產生荷官比自己厲害的錯覺。

這種製造錯覺的力量，可以在任何競爭中讓對手感到不安，覺得「難道會有什麼意外」、「好像會有壞事發生」。讓自己的氣勢壓過對手，即可吸收對方的好運能量。

想要在競爭中致勝，一定要讓自己處於俯視對手的位置。

POINT

氣勢越強，越有勝算。

54

「勝兵先勝」傳奇撲克玩家的致勝之道

做好萬全準備

湯姆．杜旺（Tom Dwan）是線上撲克傳奇人物。

他在就讀波士頓大學時，即在線上撲克中玩出名堂，與全球頂尖的撲克牌玩家互相較勁，嶄露頭角。

他最令人稱道的事蹟是，十七歲那一年就讀波士頓大學時，用五十美元的資金開始玩線上撲克牌，在沒有追加資金的狀況下，累積了上億元的彩金。儼然是低風險、高報酬的表率。

我當然想很想知道百戰百勝的他，到底有什麼祕招，我曾經為此到拉斯維加斯參加他的演講。

「怎麼玩才能大贏？」

「怎麼樣才能像你一樣強？」

面對所有聽眾都很好奇的問題，他從容的回答道：

「提高贏率不難。擁有正確知識，並做好萬全準備，就是致勝的關鍵。」

我還記得，所有聽眾聽到這樣的回答，都露出「有講跟沒講一樣」的表情。然而，我們真的有掌握正確知識，並妥善準備嗎？

我擔任荷官的時候，發現很多人連規則都搞不清楚就上場賭博。這種人或許可以因為一時好運而贏錢，但是很少可以經常性的獲勝。只有對規則瞭若指掌、為勝利做好萬全準備的人，才能有如神助般的出奇制勝。

前面提供了讀者許多知識，而知識就只是知識。

思考如何將知識落實在生活中，即意味著充分準備。

將知識內化，在正式的競賽中活用知識，你也可以創造奇蹟，成為「常勝軍」。

獲勝並不難。我們之所以覺得難，是因為吸收了錯誤的知識，準備的方向也不正確。孫子兵法說「戰爭的勝負，在戰爭之前就決定了」，說得真是一點都沒錯。

POINT

活用知識並內化它，提高贏率非難事。

55

「搏戰精神」是輸贏的最後關鍵

用毅力增強運勢

拳擊手可能以黑馬之姿贏得比賽。

足球隊可能爆冷門大獲全勝。

總是投資失敗的人，也可能成功創業。

知識量沒有增減，實力也不變，為什麼有些人可以突然鶴立雞群。

產生一八〇度大轉變的人，究竟藏著什麼祕密？

其實非常簡單，他們**具有堅強的「毅力和恆心」**。

「不是吧！這麼老套」，或許你會這麼想。

比起毅力，近來大家提倡樂活、邏輯思考及科學方法。但是無論在哪個時代，站上頂端擁有高度成就的人，都具有堅忍不拔的「毅力」，這是亙古不變的道理。他們是拒絕安逸享樂，忍耐著孤獨的人。並且，相信自己的直覺更勝於理論。

能夠召喚超級好運的能量，非毅力莫屬。

也就是，**「搏戰精神」**。

對於強者而言，這個精神非常重要。否定搏鬥的精神，就無法精進自己和增強運勢。

在這一章節中，我說明了許多吸引「好運」的法則，理解和實踐固然重要，但是搏戰精神將影響我們是否能克服最後的難關。

在日文中，毅力稱為根性。根即為植物的根。失去根的植物，由於無法吸收養分和水分，因此無法生存。

對於人類而言，毅力就好比是吸收營養的根，可以為我們招來好運。

如果你是有小孩的人，不妨帶著孩子一起去爬山。小孩一定會在途中抱怨「腿好痠，走不動了」、「想回家」等。甚至可能直接躺在地上耍賴。

這種時候，你就算沒有說出口，也一定會在心裡想「真是個沒毅力的小孩」、「就不能堅持走完全程嗎」。無論過去對於恆心毅力多麼不屑，遇上這種種狀況時，肯定希望小孩多展現一點堅強的意志力。

精神即為靈魂，也就是非具體的肉體。靈魂和精神的強度，代表內在所蘊含的毅力力量。

我們往往認為毅力無法透過訓練獲得，其實不然。日本也有許多一般人較少接觸到的心靈導師，在從事這方面的訓練。

首先，我們應該**「降低敏感度」**。**盡量避免情緒化**。

例如，我們經常會因為長輩不講理而生氣，產生情緒波動。當人處於情緒化的狀態，會失去邏輯思考的能力，引發不必要的摩擦和爭端。陷入這種狀況，對我們一點好處都沒有。

簡單來講，訓練精神強度即告訴自己「我是機器人」，避免情緒化反應。

並且，**也可以透過訓練身體，鍛鍊毅力與恆心**。養成健身的習慣，可以改變體能和體態。

身體的物理性變化，可以令人產生自信，而自信是強化心理強度的關鍵。運動所分泌的腦內啡，會使人湧現正向能量。

當然，光靠身體訓練並無法鍛鍊毅力，因此才會有心靈導師從事這方面的訓練。

企業希望員工保有堅強的毅力，無論多麼艱辛，都能努力不懈替公司賺錢。一般人則渴望另一半可以堅持的守護自己。

在競爭中，若渴望勝利女神眷顧，則希望當事人面臨任何險境時，都可以永不放棄。

「搏戰精神」是最後的致勝關鍵，也可以為你帶來強運。

POINT

訓練精神強度，內心平靜才能勝出。

結語 常勝者的關鍵特質

「學習勝利法則和知識，付出全力，勝利女神就會對你微笑。」

這是潛能訓練大師安東尼・羅賓的老師父吉米・羅恩（Jim Rohn），所開示的人生哲學。他特別重視堅持的毅力。

其實，競爭中的常勝者，皆不斷吸收致勝的法則和知識，並且秉持努力不懈的精神。他們擁有強烈的「好勝心」。

而日本人的勝負心態又是如何？

嘴巴說想贏，但是大部分的人完全不付出任何努力。用這種心態做事，連煮熟的鴨子都會飛了。我在本書中傾囊相授了勝利方法和知識，而邁向成功的臨門一腳就是你的努力。希望你能將本書的知識內化，實際靈活運用。

有了各方人員的協助，本書才能順利出版，感謝一般社團法人日本讀心術協會理事岸正龍先生、萊布先生、山田稔先生，協會資格講師古田朋美女士、河村有利先生、下垣直哉先生、大嶋一平先生。也謝謝大久保雅士先生、遠塚慎吾先生、竹內かずひろ先生、中村洋介先生、平尾諒先生、柳知明先生、沖田一希先生、清水慎司先生、北尾俊先生、石田良平先生、河原達先生、秋元たかし先生、山本笑璃女士、中村愛女士、道場俊平先生、MIZU等弟子門人，提供與心理術相關的寶貴意見。

另外，感謝經紀人池田薰女士的全力協助，讓本書得以問世。我也由衷感謝負責編輯本書的PHP研究所文藝教養出版部乾直樹先生。最後，謝謝一直以來不斷給我支持與鼓勵的妻子美奈，和令我體悟生命價值的兒子們。

只要氣勢做出來，就贏大半了！巧妙掌握人心的暗黑心理術

流れを操り、勝負を支配する 絶対に勝つ黒い心理術

作　　者　小羅密歐・羅德里格斯
譯　　者　楊毓瑩
主　　編　林玟萱

總 編 輯　李映慧
執 行 長　陳旭華（steve@bookrep.com.tw）

出　　版　大牌出版 / 遠足文化事業股份有限公司
發　　行　遠足文化事業股份有限公司（讀書共和國出版集團）
地　　址　23141 新北市新店區民權路 108-2 號 9 樓
電　　話　+886-2-2218-1417
郵撥帳號　19504465 遠足文化事業股份有限公司

封面設計　萬勝安
印　　製　成陽印刷股份有限公司
法律顧問　華洋法律事務所　蘇文生律師

定　　價　380 元
初　　版　2025 年 03 月

電子書 E-ISBN
9786267600405 (PDF)
9786267600412 (EPUB)

國家圖書館出版品預行編目資料

只要氣勢做出來，就贏大半了！巧妙掌握人心的暗黑心理術／小羅密歐・羅德里格斯（Romeo Rodriguez Jr.）著 ; 楊毓瑩 譯 . -- 初版 . -- 新北市 : 大牌出版 , 遠足文化發行 , 2025.03
260 面 ; 14.8×21 公分
譯自 : 流れを操り、勝負を支配する 絶対に勝つ黒い心理術
ISBN 978-626-7600-42-9（平裝）
1. 職場成功法　2. 工作心理學

494.35　　114000310